KB025730

로봇의 세계

로봇 설계자 신시아 브리질

Robo World : The Story of Robot Designer Cynthia Breazeal

This is a translation of *Robo World : The Story of Robot Designer Cynthia Breazeal*, Jordan D. Brown; Joseph Henry Press, an imprint of The National Academies Press

로봇의 세계

로봇 설계자 신시아 브리질

조던 D. 브라운 지음 | 한국여성과총 교육홍보출판위원회 옮김

해나무

시리즈에 대하여

이 시리즈에 나오는 이야기는 실존 여성들과 그들의 탁월한 과학적 업적을 다루고 있다. 이 여성들 중 어떤 이들은 아주 어린 나이부터 과학자가 되고 싶다는 것을 알았고, 어떤 이들은 한참 후에야 깨달았다. 어떤 이들은 업적을 쌓아가는 과정에서 개인적·사회적 장애를 극복해야 했고, 어떤 이들은 좀 더 단순하고 순탄한 길을 따랐다.

배경과 살아온 이야기는 다르지만 여기에 나오는 비범한 여성들은 하나같이 중요한 신념을 갖고 있었다. 자기가 하는 일이 매우 중요하며, 그 일이 이 세상을 더 좋은 곳으로 만들 수 있다는 신념이다.

수많은 여타 전기물과 달리 이 시리즈는 현역에서 활동하는 과학자들의 삶의 연대기다. 이 여성들은 다양한 방식으로 이 책을 만드는 데 참여했다. 자신의 인생에서 중요한 세부 사항을 공유했고, 예시 자료로 쓸 수 있게 개인의 사사로운 사진들을 내놓았으며, 가족이나 친구, 동료들이 인터뷰에 응하도록 요청했고, 독자의 관심을 끌 수 있도록 자신의 전문성을 살려 과학적으로 설명해주었다.

이 시리즈는 새러 리 슈프Sara Lee Schupf와 국립과학원의 전폭적인 도움이 없었다면 성사되지 못했을 것이다. 개인으로서나 조직으로서나 이들은 이 세계를 이해하려면 과학을 추구하는 게 중요하다는 신념으로 뭉쳐 있었다. 이들은 혁신적인 과학자가 된 지적 호기심이 많은 소녀들의 이야기가 독자들에게 즐거움과 깨달음을 제공하기를 바란다. 그리고 이 이야기들이 비슷한 꿈을 좇는 재능 넘치는 이들에게 영감을 불어넣기를 희망한다. 과학 분야의 직업에 도전하는 것은 대단한 일이며, 나아가 그 보답은 훨씬 더 클 것이다.

차례

머리말

크리처 창조자

'로봇'이란 단어를 들으면 미래의 기계들이 서로 싸우는 영화 속 장면, 명령을 잘 따르는 털북숭이 애완동물 등이 떠오른다. 하지만 로봇은 오락거리 이상의 신기한 세상을 제공한다. 신시아 브리질Cynthia Breazeal은 그런 세상을 만끽하며 살고 있다. 그녀는 로봇을 설계하고, 프로그램을 짜고, 실험하는 로봇 연구자다.

신시아의 목표는 로봇을 부려먹거나 수단으로 삼으려는 것이 아니다. 인간과 협력해서 함께 일하고 배울 수 있는 획기적인 로봇을 만드는 것이 목표다. 그녀는 능력과 사회성은 물론 '성격'까지 갖춘 로봇을 만들어 인간의 삶을 더 향상시키고 싶어 한다. 이렇게 인간의 특징을 가진 기계들을 만들면서, 신시아는 사람들의 행동에 대해서도 흥미로운 점들을 발견했다.

신시아는 자신의 공학 지식과 컴퓨터 프로그래밍 기술을 놀랄 만한 로봇 프로젝트에 적용했다. 아틸라, 한니발, 코그, 키스멧과

레오나르도 같은 로봇은 전 세계적으로 유명하다. 이런 로봇들은 미술과 과학을 융합하는 신시아의 재능이 창의적으로 구현된 사례다. 이처럼 아직 존재하지 않는 것들을 상상으로 펼쳐내는 능력 덕분에 사람들은 신시아를 선지자라고 부른다.

그럼, 신시아는 어떻게 세계적인 로봇 연구자가 되었을까? 그렇게 되기까지 어떤 어려움을 겪었을까? 지금부터 그녀의 이야기를 통해 신시아의 호기심, 창의력, 승부욕이 꿈을 이루는 데 어떻게 도움이 되었는지 알아보려고 한다.

그때는 로봇 친구가

거의 살아 있는 것처럼 보였다.

사진을 찍기 몇 시간 전 그녀는 키스멧이라는 로봇 관련 연구 논문을 발표했다.

1장

옛 친구를 만나다

2003년 4월부터 만화 캐릭터같이 생긴 로봇 키스멧Kismet은 '로봇 그리고 그 이상: 인공지능을 탐구하다'라는 전시회의 인기 스타가 되었다. 매사추세츠 공과대학MIT에서 진행된 전시회를 보고 사람들은 마치 살아 있는 듯한 로봇들을 보고 놀라움과 경외감을 감추지 못했다. 키스멧의 활동이 담긴 영상 역시 큰 반향을 불러일으켰다. 관람객 중 단 한 사람만 예외였다. 그 사람은 키스멧을 다른 시선으로 봤다.

신시아 브리질은 이 전시회를 둘러보며 자부심, 슬픔, 그리움이 뒤섞인 묘한 감정에 휩싸였다. 왜 그랬을까? 키스멧은 신시아가 MIT 대학원 시절에 만든 여러 로봇 중 하나다. 키스멧이 이런 중요한 전시회에 출품된다는 것은 짜릿하고 영광스러운 일이

2000년 5월 신시아 브리질이 MIT 에서 장난스러운 표정을 짓고 있다.

지만, 신시아는 키스멧이 더 이상 활동하지 못하리라는 것을 알았기 때문에 애석한 마음이 앞섰다.

이제 키스멧은 머리와 목만 남아 있다. (사실, 키스멧은 몸통이 달려 있던 적이 없다.) 키스멧의 탁월한 '뇌'는 온데간데없다. 이 로봇의 모터, 센서, 프로그램을 운영했던 네트워크화된 컴퓨터 열다섯 대가 MIT 컴퓨터공학과 인공지능연구소CSAIL의 비품이기 때문이었다. 그 연구소 소속 대학원생들이 컴퓨터를 본인들의 로봇 프로젝트에 사용하려고 가져가 버려서 키스멧은 더 이상 살아 움직이는 로봇이 아니다.

MIT 전시관을 찾은 관람객들은 움직이지 않는 키스멧의 얼굴을 보고, 이 로봇이 '세계에서 가장 감성에 민감한 로봇'이라고 『기네스북*Guiness Book of World Records*』에 기술된 이유가 과연 무엇인지 궁금해할지도 모른다. 하지만 신시아 브리질은 그 이유를 너무도 잘 알고 있다. 그녀는 키스멧의 찬란했던 시절, 즉 큼직하고 파란 눈, 털북숭이 눈썹, 그리고 빨간 고무 입술이 그녀의 목소리에 반응하던 시절을 기억한다. 그때는 로봇 친구가 거의 살아 있는 것처럼 보였다.

키스멧이 인공지능연구소 9층 신시아의 작업실에 있던 지난

2000년, 로봇과 얼굴을 마주하는 것은 전혀 색다른 경험이었다. 신시아 팀은 몇 년에 걸쳐 키스멧을 설계했고, 인간의 사회적 신호를 인식하고 반응할 수 있게끔 하는 데 성공했다. 만약 당신이 그 당시 키스멧을 만났더라면 아마 깜짝 놀랐을 것이다.

그 시절의 키스멧은 사람들의 말을 알아듣는 것 같았다. 예를 들어, 당신이 실험실로 들어가면서 평소처럼 "어이, 잘 지냈어?" 하고 인사한다면, 키스멧은 목소리가 들리는 쪽으로 고개를 돌렸을 것이다. 키스멧에 가까이 다가가면, 큼직하고 파란 눈을 당신의 눈과 마주치면서, 당신의 동작을 유심히 지켜보았을 것이다. 또 그에게 달콤한 목소리로 "넌 정말 사랑스러운 로봇이야."라고 노래하듯 말하면, 키스멧은 얼굴을 더 가까이 들이밀며 미소 지었을 것이다. 하지만 심각한 목소리로, "넌 나쁜 로봇이야."라고 꾸짖으면, 두려워하며 뒤로 물러났을 것이다.

2003년 4월, 학생들이 키스멧의 머리와 부속물이 출품된 MIT 전시관을 방문했다.

물론, 키스멧이 영어를 알아듣는 건 아니다. 그렇다고 다른 언어를 이해하는 것도 아니다. 그러나 신시아의 획기적인 프로그래밍 덕분에 키스멧은 목소리의 높낮이와 음색으로 사람들의 감성을 인식하고, 적절한 반응을 보인다. 이 로봇은 행복, 슬픔, 분노, 놀람, 혐오감, 심지어 피곤함까지 표정으로 나타낼 수 있다.

키스멧은 의사 표현이 분명한 로봇이기에, 실제로 사람들은 이 로봇이 사람이나 동물처럼 감정을 '느낄 수' 없다는 점을 가끔씩 잊을 때가 있었다. 그것은 신시아의 프로젝트가 성공했다는 증거였다. 신시아는 아기 같은 정서적 행동을 따라 하는 로봇을 만들려고 노력하고 있었다. 그녀의 목표는 표정과 옹알이로 인간과 자연스레 소통할 수 있는 기계를 창조하는 것이었다. 키스멧을 만나본 사람들은 신시아가 야심 찬 포부를 이뤄냈다며 놀라워했다. 가끔가다 신시아 본인도 자신이 이룬 성취에 놀랄 때가 있다. 하지만 그녀의 머릿속에는 로봇을 만들고 싶다는 욕망이 수십 년간 폭발할 것처럼 끓고 있었다.

1977년, 신시아가 만 열 살 때였다. 그녀는 아주 스릴 넘치는 신작 영화를 봤다. 〈스타워즈Star Wars〉 원본이었다. 대다수 아이들이 그랬듯이, 신시아 역시 영화에 등장하는 로봇 R2-D2와 C-3PO의 매력에 푹 빠져들었다. 언젠가는 두 안드로이드처럼 매력적이고 호감 가는 똑똑한 로봇을 만들겠다며 상상의 나래를 펴기도 했다.

〈스타워즈〉를 보고 신시아는 활기차고 여러 쓸모가 많은 로봇 R2-D2(왼쪽)의 인간다운 요소에 매료됐다. 신시아가 키스멧에게 말을 걸면, 키스멧은 그녀의 목소리와 움직임에서 사회적 신호를 인식하고 반응한다.

그녀는 그 백일몽이 12년 뒤에 현실이 되리라고는 꿈에도 몰랐다. '키스멧'은 터키어로 '운명'을 뜻한다. 〈스타워즈〉에서 사랑스러운 로봇들을 본 후, 신시아가 훌륭한 로봇 과학자가 되는 건 운명이었을까? 그 답은 알 수 없지만 한 가지는 확실하다. 신시아의 무한한 호기심, 대담한 결단력과 모험심이 흥미진진한 길로 이끌었다는 점이다.

어린 '신디'의 빠른 발달 과정을 보고,

부모는 앞으로 다가올 일들을 감지했다.

신디는 오빠 빌과 함께 뒤뜰에서 신체적 도전을 하는 것을 즐겼다.

2장

모험심

1967년 11월 15일, 뉴멕시코의 앨버커키Albuguergue에 있는 어느 병원에 도착한 지 한 시간도 안 돼 신시아 린 브리질Cynthia Lynn Breazeal이 태어났다. 부모 노먼과 줄리엣은 어린 '신디(신시아의 애칭)'의 빠른 발달 과정을 보고, 앞으로 그들에게 다가올 일들을 감지했다. 어린 딸 신시아는 모험심이 상당히 강했다.

걸음마를 배울 무렵 신디는 몸으로 때우는 도전을 좋아했다. 고작 세 살인데도 다섯 살이던 오빠 빌과 함께 몇 시간이나 나무를 탔다. 이런 무모한 행동 때문에 부모는 늘 조마조마했다. 어느 날 신디 아빠는 뒤뜰에 있는 키 큰 나무의 아래쪽 가지들을 몽땅 잘라냈다. 그러면 아이들이 나무에 못 올라갈 거라고 생각했다.

신디의 만 두 살 모습.

'아빠, 애쓰셨지만 헛고생 하셨네요.' 며칠도 안 되어, 엄마는 아이들이 그 나무의 아주 높은 곳에 올라가 있는 것을 보고 기겁할 수밖에 없었다. 신디와 빌은 두려워하기는커녕 환한 표정으로 키득대고 있었다.

세 살짜리 신디는 나무타기만 좋아했던 게 아니다. 어느 날 부엌 창문을 통해 담벼락 위에 있는 신디가 엄마 눈에 띄기도 했다. 1.8미터쯤 되는 벽돌 담벼락 위에서 '오빠가 하는 건 나도 할 수 있어!' 하는 표정으로 오빠를 졸졸 따라 걷는 게 아닌가!

또 언젠가는 엄마가 자동차를 집 앞 차도에 세우고, 그날 장을 본 짐들을 내리고 있었다. 신디가 차 뒷좌석에 잘 있나 확인하는 순간, 엄마의 심장박동이 빨라졌다. 신디가 사라진 것이다! 엄마는 미친 듯이 신디의 이름을 부르기 시작했다. 엄마는 신디를 곧 찾았다. 신디는 자동차 위에서 환하게 웃으며 엄마를 보고 있었다.

엄마 줄리엣이 조심조심 신디를 내려오게 하다가, 신디는 실수로 자동차 와이퍼 날에 발을 베였다. 상처는 아주 작았지만, 신디의 주치의는 걱정이 앞섰다. 브리질 부부가 빌이나 신디의 상처를 꿰매러 의사를 부른 것이 이번이 세 번째이기 때문이었다. 엄마는 용감무쌍한 남매를 좀 더 주의 깊게 관찰해야겠다고 생각했다.

캘리포니아로

앨버커키에서 브리질 가족의 삶은 아주 순탄했다. 수학 박사인 신디의 아빠는 연구소에서 근무했다. 엄마는 아이들을 돌보며 현지 대학교에서 수학 석사 과정을 밟고 있었다. 신디의 부모는 둘 다 과학에 관심이 있었기 때문에, 저녁 식사 때 오가는 대화 내용은 학구적인 토론으로 활기찼다. 앨버커키 생활이 상당히 즐거웠지만, 그곳 생활이 그리 오래 가지는 않았다. 1971년, 아빠가 캘리포니아 주 리버모어Livermore로 전근하게 된 것이다. 가족 모두가 이사하는 것은 아주 큰 결심이었지만, 브리질 부부는 불평하지 않았다. 캘리포니아는 노먼과 줄리엣의 고향이었다. 두 사람은 1960년대 초반 캘리포니아 주 UCLA 대학 때 만나 사랑에 빠졌다.

신디의 예술적 창의성과 운동에 대한 열정은 어린 시절부터 부모의 지원으로 길러졌다.

리버모어에서 보낸 유년기

새 집에 정착하면서 신디는 동물에 관심을 보이기 시작했다. 그녀는 금붕어를 사랑했고, 뒤뜰에서 곤충을 잡아 '보살펴'주었다. 급기야 강아지를 키우고 싶다며 조르기까지 했다. 부모는 신디가 큰 동물을 보살피는 것은 아직 미숙하다며 흰쥐처럼 작은 동물부터 길러보라고 권했다. 믿기지 않겠지만, 신디는 기쁜 마음으로 받아들였다. 신디와 빌은 새로운 애완동물을 '잡동사니 머시마우스'라고 불렀다. '머시마우스'는 남매가 좋아하던 만화 캐릭터다. '잡동사니'는 신디가 그냥 웃긴 이름인 것 같다며 지어줬다.

신디의 동물 사랑을 익히 알고 있는 부모는 신디의 중대 발표에 놀라지 않았다. 만 일곱 살 무렵, 신디는 커서 수의사가 되겠다고 결심했다.

기복이 심한 초등학교 성적

리버모어에서 신디가 보낸 초등학교 저학년 시절은 더할 나위 없이 멋졌다. 유치원부터 2학년 때까지 신디는 열심히 수업을 들었다. 글을 읽고 쓰고 배우는 것을 좋아했고, 미술 작품을 즐겨 만들었다. 선생님들은 그녀의 총명함과 창의력과 열정을 높이 평가했다.

하지만 승승장구하던 신디는 3학년으로 올라가면서 주춤했다. 그 즈음 신디의 부모는 부동산에 투자해 리버모어의 다른 동네로 이사했고, 빌과 신디 역시 새 학교로 전학을 가야 했다.

신디와 빌이 첫 애완동물을 자랑하고 있다. 흰쥐의 이름은 1960년대 만화에서 나온 시골 쥐의 이름을 따서 '잡동사니 머시마우스'라고 지었다.

새 학교 생활은 그리 호락호락하지는 않았다. 지금껏 신디는 노력한 만큼 학업 결과도 좋았던 반면에, 이제는 평균 정도밖에 되지 않았다. 부모는 신디가 시험 준비를 제대로 하지 않는 것 같다며 걱정했다. 그리고 전학 간 학교의 선생님들이 딸의 창의적인 재능을 길러주는 데 별 도움이 되지 않는다고 생각했다.

전학 간 첫해에 신디는 〈스타트렉Star Trek〉이라는 텔레비전 프로그램을 보고 감명을 받아 공상과학소설 썼다. 신디는 소설에서 'Z, X, W, 7, 10, 5' 기계라고 이름 붙인 발명품을 묘사했다. 이 기계는 굶주린 클링곤Klingon들이 지구를 침략했을 때 월귤나무 파이를 찾는 데 사용되었다. 기계의 '감정'은 컴퓨터로 제어한다고 신디는 설명했다.

신디의 선생님은 그녀의 창의적인 노력에 그다지 긍정적이지 않았다. 선생님은 "다음번엔 원고를 교정 보세요."라고 단 한 마디만 했을 뿐이다.

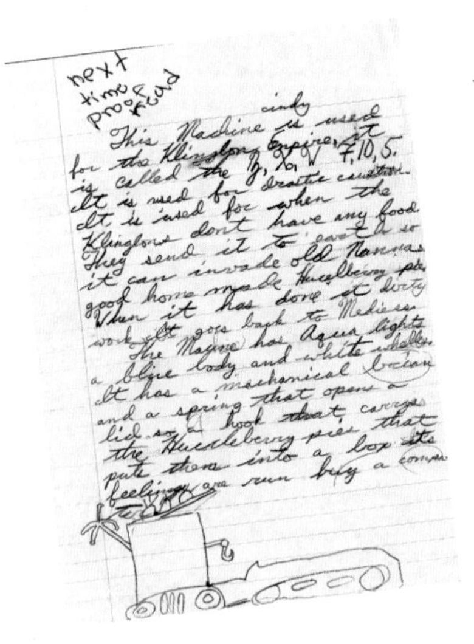
next time proof read

This Machine is used
for the Klingon Empire. It
is called the [illegible] 7,10,5.
It is used for [illegible]
It is used for when the
Klingons don't have any food
They send it to [illegible]
it can invade old [illegible]
good home made Hucelberry pie
When it has done it dirty
work it goes back to [illegible]
The Magine has Aqua lights
a blue body and white [illegible]
It has a mechanical [illegible]
and a spring that opens a
lid and a hook that carrys
the Hucelberry pies that
puts them into a box [illegible]
feelings are run by a [illegible]

월귤나무 파이를 찾는 기계 콘셉트는 신디가 창의적 로봇을 설계하는 재능의 싹을 보여준다.

무관심한 교사들 외에도, 신디와 빌은 인종차별적 발언을 들어야 했다. 엄마는 한국계로, 남매의 독특한 외모는 학급 아이들의 놀림감이 되었다. 또래에 비해 왜소한 신디의 체격 또한 도움이 되지 않았다. 그녀는 부정적인 말들을 무시하려 했지만, 마음의 상처를 피할 수 없었다.

다행히도 신디에게는 오빠 빌이 있었다. 오빠는 유머를 사용해 못된 말들을 부드럽게 넘기곤 했다. 다른 아이들이 신디의 외모를 놀리면, 빌은 그 말이 맞을지도 모른다며 큰 소리로 말했다. 오빠는 놀려대는 말들이 터무니없다는 생각이 들 때까지 과장하여 신디를 웃겼다. 빌의 이러한 현명한 대처 능력은 동생을 강하게 하는 디딤돌이 되었다.

아이들의 학교생활을 도와주려고 부모가 직접 나섰다. 매일 밤 브리질 부부는 신디와 빌의 숙제를 봐주었고, 시험공부를 도와주었다. 가족끼리 현장 학습도 가서, 아이들이 과학에 관심을 갖도록 했다. 브리질 가족은 샌프란시스코 과학관에 갔다. 이곳에서 아이들은 상호작용하는 전시물과 함께 놀기도 하고, 깜짝 놀랄 만한 과학 실험을 보기도 했다.

브리질 가족은 유타 주부터 콜로라도 주까지 걸쳐 있는 공룡국립기념관에도 갔다. 신디와 빌은 그곳에서 본 수백 개의 공룡 화석에 마음을 빼앗겼다.

캘리포니아에 사는 브리질 가족은 또 한 곳의 신비로운 장소, 디즈니랜드에도 자주 갔다. 신디는 놀이공원에서 첨단 기술과 오락이 조화를 이루는 것에 놀랐다. 신디는 디즈니랜드의 설립자 월트 디즈니Walt Disney를 다룬 책을 읽었고, 그의 창의성에 영감을 받았다.

전환점

부모의 노력 덕분에 신디의 성적은 점점 좋아졌다. 브리질 부부는 리버모어에서 또 다른 동네로 이사를 했다. 아이들에게 더 유익한 학교를 찾기 위해서였다. 그렇지만 신디는 5학년이 될 때까지 자기 재능을 다 발휘하지 못하고 있었다. 신디는 낙담했다.

5학년에 올라가면서 벤 그린Ben Green이라는 선생님을 만났다.

그린 선생님은 예술을 스포츠 감독 같은 교수법으로 접근했다. 학생들이 학업에 전념하도록 격려해줬고, 100퍼센트가 아닌 노력은 허용하지 않았다. 고도의 에너지를 발휘해야 하는 게임을 자주 하면서 학업 능력을 길러줬다. 게임은 학생들에게 육체적이고 지적인 도전 정신을 불러일으켰다. 또 소규모 경연 대회를 열어 자기 자신은 물론 학급 친구들끼리 경쟁을 붙여 문제를 풀게 했다.

하지만 그린 선생님의 창의적인 교육 방식으로도 신디의 성적은 자기 능력의 최대치를 다 발휘하지는 못했다. 하루는 그린 선생님이 신디에게 방과 후에 면담을 하자고 했다. 신디는 자기가 뭘 잘못했을까 긴장하며 고민했다. 그린 선생님이 소리 지르며 혼냈을까?

전혀 아니다. 선생님은 스포츠 감독이 선수를 위로하듯이 격려의 말을 건넸다. 공교롭게도, 선생님의 부인이 신디의 1학년 때 담

공룡국립공원(왼쪽), 직접 체험할 수 있는 샌프란시스코 과학관(아래)은 브리질 가족이 현장 학습을 간 수많은 장소 중 두 군데다.

신디가 따르던 벤 그린 선생님(맨 왼쪽)은 스포츠 감독 같은 능력을 수업에 사용하곤 했다. 선생님의 에너지 넘치는 수업 방식은 신디(앞줄 왼쪽에서 세 번째)는 물론 학생들이 최선의 노력을 다하게 하는 원동력이 되었다.

임이었다고 한다. 그린 선생님의 부인은 신디를 교사 생활 중 가장 총명한 학생으로 기억하고 있었다.

그린 선생님은 신디에게 더 열심히 공부하라고 다독였다. 노력만 뒤따른다면 교내외에서 아주 훌륭한 일을 해낼 것이라며 격려했다. 신디는 선생님의 격려 말씀을 마음에 새겼다. 그녀는 더 열심히 공부했고, 수업 중에 더 많은 질문을 던지며, 완벽해질 때까지 복습하고 또 했다. 그린 선생님은 정말 기뻐했다. 신디의 호기심과 열정이 또 다시 풀가동되고 있었다.

5학년이 끝날 무렵 신디는 그린 선생님의 교실을 떠나는 것이 슬펐다. 그는 훌륭한 선생님이었다. 6학년 선생님도 이렇게 훌륭할까? 그때 신디에게 희소식이 전해졌다. 6학년 담임도 벤 그린 선생님이 될 거라는 게 아닌가!

월트의 호기심

신시아 브리질이 과학에 푹 빠져든 계기는 남부 캘리포니아에 위치한 놀이공원에 갔기 때문이다. 1970년대에 갔던 디즈니랜드 가족 여행 중에서도 그녀는 과학과 판타지를 조합시킨 투모로우랜드Tomorrowland를 특별히 좋아했다. '이너스페이스Inner Space의 모험'이라는 한 전시는 참가자들의 몸집이 줄어들어 물 한 방울 속의 세계를 모험하는 것 같았다.

신시아는 디즈니랜드의 설립자이자 오락 세계의 선구자 월트 일라이어스 디즈니(1901~1966)에 대해서 읽은 적이 있다. 월트 디즈니는 최초의 유성 애니메이션 〈증기선 윌리Steamboat Willie〉와 최초의 장편 애니메이션 〈백설 공주와 일곱 난쟁이Snow White and the Seven Dwarfs〉를 만들었다. 또 현대 테마파크를 개척했다.

1950년대 중반에 디즈니랜드 설립 계획을 발표했을 때, 대부분의 사람들은 시작도 하기 전에 실패할 거라고 믿었다. 하지만 디즈니는 자신의 비전을 믿고, 부정적인 시각들을 무시했다. 예를 들어, 1950년대 초반 미술가이자 디자이너인 클로드 코츠Claude Coats는 디즈니랜드 놀이기구에 설치될 무지개 색 폭포를 만들려고 했다. 유명한 기술자가 폭포의 견본을 보더니 코츠에게 포기하라고 충고했다. "며칠 지나면 일곱 가지 색들이 섞여서 칙칙한 회색물이 되고 말 거야."라고 기술자는 경고했다.

코츠가 디즈니에게 기술자의 평가를 전달하자, 디즈니는 이렇게 대답했다. "불가능한 일을 한다는 건 즐거운 일이야." 디즈니의 열정에 힘입어 기분이 좋아진 클로드 코츠는 무지개 색 폭포를 구현할 기술을 알아내고자 두 배로 더 열심히 일했다. 그리고 무지개 폭포는 수년 동안 완벽하게 흘렀다.

1955년 7월 17일 디즈니랜드가 문을 열자 문제가 생기기 시작했다. 놀이기구 상당수가 제대로 작동하지 않았다. '잠자는 숲 속의 공주'의 성에서는 가스 누출이 발생했다. 덤보 놀이기구의 날아가는 코끼리는 기계가 들기에 너무 무거웠다. 출발은 불안했지만 디즈니는 자신의 이름을 건 놀이공원이 성공할 때까지 계속 개선해나갔다. 디즈니는 새로운 것을 창조하기 위해 오래된 공식을 따랐다. 호기심, 자신감, 용기가 바로 그것이다.

또래 여자아이들처럼.

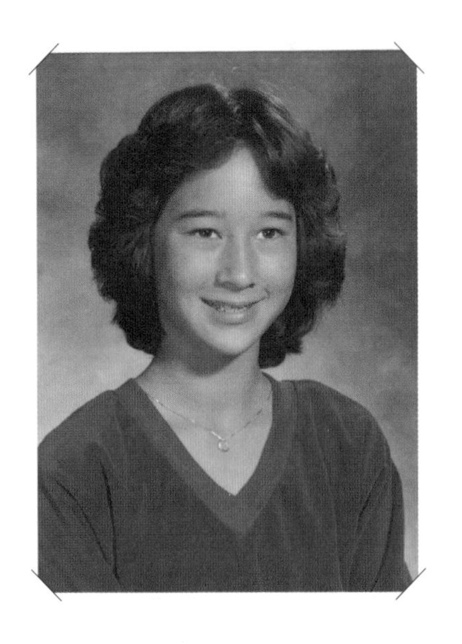

스포츠부터 남자 친구 문제까지

신디의 관심사는 다양했다.

중학교 시절 신디는 자기 자신에 대해서 많은 것을 배웠다.

3장

다방면에 걸친 교육

그린 선생님과 함께한 6학년은 쏜살같이 지나갔다. 엄격하면서도 힘을 북돋워주는 교육 방식 아래서 신디는 나날이 발전해나갔다. 가정에서는 여전히 부모가 신디의 학습 도우미였다. 몇 시간씩 시간을 내서 신디가 수업 내용을 완벽히 이해할 수 있도록 적극적으로 도왔다. 중학교에 진학하기 전, 부모는 신디가 영재 프로그램에 적합한지 학교 측에 검사를 요청했고, 새로운 도전을 하기에 충분히 준비가 되어 있다는 결과가 나왔다. 당연히 몇 가지 영재 프로그램에서 그녀는 물 만난 물고기였다.

하지만 신디가 공부만 했던 것은 아니다. 또래 여자아이들처럼 스포츠부터 남자 친구 문제까지 관심사가 다양했다. 심지어 지역

전문대학에서 모델 수업도 들었다. 여자아이들이 자신의 스타일 감각을 스스로 탐구하도록 도와주는 수업이었다. 이 수업에서 신디는 인터뷰할 때 긍정적인 인상을 남기는 방법을 배웠다. 그 당시에는 이런 방법이 나중에 MIT에서 미디어의 스포트라이트를 받을 때 어떻게 발휘될지 생각도 못 했다. 그렇지만 중학생 시절에 스트레스가 많아도 평정심을 유지하는 방법을 터득하는 데 도움이 되었다. 신디는 몇몇 모델 대회에 출전해 입상하기도 했다. 왜소하고 특이하게 생긴 여자아이 치고는 성적이 나쁘지 않았다.

다방면의 경험을 쌓기 위해서, 신디의 어머니는 그녀를 로렌스 리버모어 국립연구소와 샌디아 국립연구소가 후원하는 '과학계의 여성'이라는 학회에도 데리고 갔다. 신디는 거기서 엔지니어, 컴퓨터 프로그래머, 의학 연구진으로 일하는 여성들이 자기 직업에 대해 발표하는 것을 들었다.

신디는 모델 수업을 받으면서 자신에게 어울리는 패션 감각을 키웠다.

만 일곱 살 무렵의 신디는 수의사가 되겠다고 마음먹었지만, 조금 더 성숙해진 신디는 선택할 만한 직업이 상당히 많다는 것을 알게 되었다. 아직 어떤 일을 하고 싶은지 알지 못했지만, 수학이나 과학과 관련된 일이라고 생각했다. 그 당시 신디의 어머니는 컴퓨터 과학자로 일하고 있었다. 어머니의 뒤를 이을까? 과학 학회에서 현직 여성 과학자들의 조언을 들은 신디는 새로운 시각으로 삶을 생각하게 되었다. 또 공부에 더욱더 매진하는 계기가 되었다.

뛰어넘고 부딪치고

중학생 시절 신디는 학업의 장애물과 싸우면서도 동시에 육상선수로서 허들을 뛰어넘고 있었다. 육상은 신디가 리버모어에 있는 멘델홀 중학교 시절에 즐겨 하던 운동이었다. 놀라우리만치 빠른 다리로 신디는 남학생들도 자주 이겼다. 신디는 결승선에 제일 먼저 도착하는 것을 상당히 좋아했다.

50, 100, 200야드 경기에서 전력으로 질주하는 것도 모자라, 신디는 허들 경기까지 진출했다. 허들 경기의 실력을 길러주겠다며, 아버지는 신디를 도서관에 데리고 가 허들 넘는 기술을 다룬 책들을 찾기도 했다. 심지어 집 뒤뜰에 허들을 설치해 거기서 연습하게 해주었다. 이번에도 그녀의 노력은 성과를 냈다. 신디는 허들 경기에서 여러 번 우승했다.

신디의 운동선수 생활은 거기에서 멈추지 않았다. 축구에 관심을 갖게 된 후, 그녀는 운동을 꾸준하고도 치열하게 했다. 지역

만 열세 살 때 신디는 축구 시합을 좋아했지만 약한 선수들을 놀리고 따돌리는 행동을 몹시 싫어 했다. 축구 팀 내 패거리에 가담하는 게 신디에게는 큰 의미가 없었다.

팀에서 실시하는 연습 외에도, 신디는 아버지와 함께 공원에서 패스와 드리블, 헤딩 연습을 했다. 신디는 운동장에서 뛰노는 것을 즐겼지만, 팀 내에서 여자아이들 사이에 벌어지는 반목과 불화에는 별로 관심이 없었다. 한 선수가 경기 중에 실수를 하면, 다른 여자아이들이 무리를 지어 따돌리는 게 흔한 일이었다. 신디는 빠르고 능숙한 선수였기에 따돌림을 당하진 않았다. 그럼에도 신디는 팀워크를 삐거덕거리게 하는 행동들을 불쾌하게 여겼다. 어째서 저런 사소한 놀림 따위에 신경 쓰고 축구에 집중하지 못하는 걸까? 신디는 끼리끼리 패거리나 만드는 분위기에 휩쓸리지 않겠다고 다짐했다. 그런 다짐 때문이었는지 안타깝게도 신디는 축구팀 내에서 친한 친구를 사귀지 못했다.

중학교 2학년이 된 해에, 도전 정신에 힘입어 신디는 새로운 활동을 하게 되었다. 영재 프로그램에서 만난 몇몇 친구들과 응원단 모집 오디션을 봤던 것이다. 합격이 되었을 때 그녀는 굉장히 기뻐했다. 그 후 신디는 팀원들과 함께 응원가를 만들고 안무를 짜는 데 많은 시간을 보냈다.

그러나 그것도 잠깐이었다. 신디는 경기에 출전하지 않고 사이드라인에서 구경만 하는 게 지겨워졌다. 응원단 활동이 '답답하다'며 경기장에서 직접 뛰고 싶다고 부모에게 불평을 늘어놨다. 응원단으로 역할을 다한 뒤 신디는 이 분야에서 영영 은퇴했다. 지금도 신디는 남편이 텔레비전으로 축구나 야구를 보는 게 이해가 되지 않는다. 최선을 다해 땀 흘리며 뛰고 적극적으로 참여하지 않는 이상 신디에게 스포츠는 큰 매력이 없었다.

놀라운 실력을 보이다

신디의 자존감이 높아지면서, 수줍음 많던 어린 소녀는 자신감 넘치는 청소년으로 자랐다. 고등학교에 진학하기 몇 개월 전, 그녀는 야심 찬 새 포부를 내비쳤다. 테니스를 배우기 시작했고, 고등학교 테니스부에 들어가길 희망했다.

세계적인 테니스 선수를 꿈꾸는 아이들은 대부분 예닐곱 살 즈음부터 테니스를 배우기 시작하므로, 그 아이들을 따라잡으려면 더욱더 열심히 해야 했다. 게다가 테니스는 어려운 기술을 구사해야 한다. 뛰어난 선수가 되려면 신디는 특정 기술들을 갈고닦아야 했다. 스피드와 열정만으로는 부족했다. 다행히 신디의 가족이 최근에 동네 테니스 클럽에 가입했고, 오빠 빌 역시 테니

고등학생 시절 테니스 스타였던 신디는 승리를 당연하다고 생각한 적이 한 번도 없었다. 오히려 꾸준한 연습이 중요하다고 생각했다.

스를 좋아했다. 신디에게는 연습할 장소와 적극적으로 지지해주는 파트너도 있었다.

여느 때와 마찬가지로 그녀는 눈앞에 놓인 일에 집중했다. 6월부터 8월까지 테니스를 배우는 데 전념했다. 한여름 무더위도 그녀의 의지를 꺾지 못했다. 곧 자기 강점이 두 손으로 치는 백핸드이고, 포핸드가 약점이라는 걸 알게 되었다. 종종 공이 펜스를 벗어나 옆 코트로 떨어졌다. 포핸드와 다른 타법을 향상시켜주려고, 부모는 테니스 클럽에서 코치를 물색하기도 했다. 또 자동으로 공을 쏘아주는 기계를 구입해 속도와 회전, 각도가 다양한 구질에 대비하게 했다.

신디의 피나는 노력이 결실을 거두었다. 그래나다 고등학교 테니스부에 합격했을 뿐만 아니라 최고의 선수로 뽑히기까지 했다. 고등학교 시절 내내 최고의 위치를 내주지 않았지만, 그 영예에 머무르지 않았다. 테니스 코치에게 받는 수업을 게을리하지 않았고, 자기보다 잘하는 선수들을 찾아 도전했다.

신디는 과학자의 마음가짐으로 테니스를 대했다. 아버지의 도움으로 자신의 스윙을 녹화하고 분석해 장점과 단점을 알아냈다. 고교 테니스 선수 시절, 신디는 많은 대회에 참가했고, 인근 지역에서는 상위권 선수 중 한 명으로 꼽혔다. 프로 테니스 선수가 될까 잠시 고민하기도 했지만, 테니스가 과학의 매력을 넘어서지는 못했다.

믿을 만한 조언

신디의 부모는 훌륭한 교육의 중요성을 잘 알았기에 언제나 아이들에게 동기를 불어넣으려고 애썼다. 부모는 신디와 빌에게 언제나 최고를 목표로 삼으라고 당부했다. 특히 성적이 좋아야 한다고 강조했다. "A를 목표로 하면 A와 몇 개의 B를 받을 거야. 하지만 B를 목표로 하면 B와 몇 개의 C를 받게 될 거야."라고 말했다. 쉽게 말해서, 목표가 중요하다면 최선을 다하라고 아이들에게 가르쳤다.

열여섯 살의 신디와 오빠 빌, 그리고 엄마 줄리엣과 아빠 노먼 브리질.

신디의 부모는 전문직 여성에 관한 주제에 예민했다. 신디의 어머니는 몇몇 재능 있는 여성들이 지나친 겸손 때문에 크게 성공하지 못하는 것을 보아왔기 때문에, 신디의 부모는 "자화자찬하기를 두려워하지 말라."고 종종 말했다. 과장된 자랑은 적절치 않지만, 자기가 이룬 성과나 좋은 소식을 영향력 있는 사람들과 나누는 것은 필요한 일이라고 안심시켰다. 부모는 '소식을 널리 알리는' 행동이 신디에게 다음 단계의 문을 여는 것이라고 여겼다.

꾸준함이 성과를 낳는다

신디는 부모의 조언을 명심했다. 특히 성적에 신경 썼다. 고등학교에서 신디는 전 과목 A를 목표로 삼았고, 물리와 화학은 A를 받았다. 다만 아쉽게도 수학은 B를 받았다. 몇몇 아이들에게 그 정도 성적이면 제법 잘했다고 할 만하지만, 신디의 수학자 부모는 딸에게 좀 더 잠재력이 있다고 믿었다. 신디의 부모는 계속 노력하라고 당부했다. 포기만 하지 않는다면 언젠가는 수학에서도 두각을 나타낼 것이라 믿었다.

부모의 말이 옳았다. 고등학교 2학년부터 신디는 수학도 높은 점수를 받기 시작했다. 처음으로 수학에서도 계속 일등을 했다. 물론 공부를 열심히 해야 했지만, 가파른 산을 오르는 것처럼 힘겹게 느껴지지는 않았다.

공부는 물론이요, 운동 그리고 다른 활동까지 지속적으로 노력하다 보니 그녀는 만능 재주꾼으로 성장했다. 그 결과 고등학교를 졸업할 무렵에 신디에게 희소식이 전해졌다. 리버모어 부스터스 올림피언 상Livermore Boosters Olympian Award 후보로 오른 것이다. 고교 생활 동안 '학문, 체육, 시민 정신과 성실성의 뛰어난 조합'을 보인 고3 학생 두 명(여자 한 명, 남자 한 명)에게 주는 상이다. 상을 받은 학생은 대학교 등록금을 장학금으로 받는다.

신청 절차 중 하나로, 신디는 심사 위원 앞에서 연설을 해야 했다. 무슨 얘기를 해야 할까? 과학을 좋아하는 신디라면, 그 분야의 얘기를 할 거라고 생각했을 것이다. 하지만 신디는 전혀 다른 방향으로 접근했다. 그녀는 테니스부에 들어가 테니스를 하는 것이 대입 준비에 어떻게 도움이 되었는지 설명하기로 했다. 테니스 덕분에 훈련, 인내, 연습, 시간 관리의 중요성을 알게 되었다고 이야기하기로 했다. 또 테니스를 통해 품위 있고 유연하게 슬럼프에서 벗어나는 방법도 배웠다고.

헌신과 절제는 숙달하기 어려운 능력들이지만 그 대가는 크다. 신디가 받은 수많은 상, 메달과 트로피를 보라.

연설을 하는 날, 아버지는 더 강력한 인상을 남기기 위해 신디에게 테니스복을 입고 연설하라고 권했다. 좋은 아이디어일지 잘 몰랐지만, 신디는 그래도 한번 해보기로 했다. 다른 여자아이들이 멋진 드레스를 차려입은 모습을 보고, 그녀는 큰 실수를 했다고 생각했다. 도대체 무슨 짓을 한 거야?

나중에야 알았지만, 위험을 무릅쓰고 테니스복을 입은 것은 정말 잘한 일이었다. 며칠 뒤 신디는 올림피언 상을 받았다. 심사위원 한 명이 부모에게 전화를 걸어 신디의 감동적인 연설을 칭찬했다.

학위 그리고 결정

리버모어 부스터스 올림피언 상 외에도, 신디는 우수한 성적으로 고등학교를 졸업했다. 전교생 328명 중 7등을 한 그녀는, 좋은 대학에 들어갈 가능성이 높았다. 하지만 어떤 분야로 나가야 하지?

수의사가 되겠다는 어릴 적 꿈은 시들해졌지만, 의학에 대한 관심은 여전했다. 한때 의사가 되겠다는 꿈을 품고, 의예과 진학을 고민했다. 그런데 고등학교 졸업반 무렵에는 공학에 관심을 키워나가고 있었다. "공대에서 배우는 건 금방 시대에 뒤처진다는 건 알고 있지?"라고 어느 선생님이 말한 적이 있다. 신디는 자기 지식이 구닥다리가 되는 것을 두려워하지 않았다. "그래서 공대에 가려는 거예요. 평생 공부하면서 창의적인 일을 하고 싶어요." 라고 대답했다.

그럼 공학은 어디서 공부하는 게 좋을까? 처음엔 물리학을 공부하고 있는, 이제는 본명 윌리엄으로 불리는 오빠를 따라 패서디나Pasadena에 위치한 캘리포니아 공과대학CalTech, 칼텍에 갈까 생각했다. 칼텍은 미국에서 과학과 기술 분야로는 최고로 손꼽히는 대학 중 하나다. 하지만 윌리엄은 칼텍이 여동생에게 어울리는 대학교인지 의문을 품었다. 칼텍의 공학 프로그램은 탁월했지만 남학생들이 너무 많았다.

1985년 6월 14일, 신디는 캘리포니아 리버모어에 있는 그래나다 고등학교를 졸업했다. 공대에서 펼치는 모험은 가을에 시작되었다.

오빠의 조언을 고려해, 신디와 부모는 캘리포니아 대학교UC의 공립 학과들을 살펴보기로 했다. 신디와 가족들은 공학 프로그램이 유명한 UC의 샌타바버라UCSB 캠퍼스가 맘에 들었다. 또 UCSB에는 탄탄한 의예과 프로그램도 있어서, 공학이 마음에 들지 않을 경우 전과도 가능했다. 기쁜 마음으로 신디는 이

캠퍼스에 지원했고 합격했다.

UCSB 공학부 행정 담당자는 신디에게 같이 입학하는 신입생들이 좋은 동기가 될 거라고 알려줬다. 85학번 여학생들은 성적이 빵빵했고, 몇 명은 역대 최고였다. 신디는 공대에 입학하는 학생 중 여학생이 5퍼센트도 안 된다는 것을 알게 되었다. 신디는 학창 시절에 각종 운동 종목에서 남학생들과 경쟁을 해봤기 때문에, 성비 불균형 따위는 문젯거리도 아니었다. 그녀는 대학 진학을 최고의 교육을 받을 흥미진진한 기회라고 생각했다. 집을 떠나 학교를 다닌다는 것은 어떤 기분일까? 신디는 무척 기대되었다.

이렇게 멋진 캠퍼스에서

공부할 거라고 생각하니,

상상만으로도 신디는 설레었다.

UCSB 캠퍼스는 캘리포니아 해안을 약 1000에이커(약 4제곱킬로미터) 가까이 차지한다.

4장

미래를 설계하다

오빠들 대부분이 그렇듯이, 윌리엄은 신디에게 대학 생활에 대해 조언을 많이 해줬다. 그가 가장 강조한 것은 "숙제가 뒤쳐지면 넌 끝이야!"였다. 그건 경험에서 나온 말이었다. 칼텍에서 보낸 2년 동안 그는 과제를 미루지 않는 게 얼마나 중요한지 깨달았다. 윌리엄은 UCSB의 과학 과정 수업이 순차적으로 진행되리라는 것을 알고 있었다. 기초를 탄탄하게 이해하지 못한 학생들은 점점 더 뒤쳐졌다. 그는 새로운 정보가 정신차리지 못할 정도로 빨리 소개될 것이라고 경고했다. "소화전에서 쏟아지는 물을 마시려고 하는 것 같을걸."이라며 농담도 했다.

여름 오리엔테이션 때, 공대 교수들 역시 비슷한 조언을 건넸다. 신입생들에게 서로 친하게 지내라고 했고, 공부보다 파티를

일주일 동안 힘든 공부를 마친 학생들에게 이 환상적인 풍경은 금상첨화일 것이다. 신시아가 암벽 등반을 하며 휴식을 취하고 있다.

더 좋아하는 친구들을 멀리하라라고 했다. 하지만 말처럼 그리 쉬운 일은 아니다. 특히 1980년 중반에 UCSB는 미국에서 파티를 잘하는 학교 랭킹 10위 안에 들었다.

이렇게 멋진 캠퍼스에서 지내며 공부할 거라고 생각하니, 상상만으로도 신디는 설렜다. UCSB는 태평양을 바라보는 절벽에 자리 잡고 있다. 몇몇 기숙사는 바닷가와 아주 가까이에 있다. 어떤 학생들에게는 해변이 공부하는 데 아주 강력한 방해물이 되었을지도 모른다.

하지만 신디는 실속 있는 교육을 받으려고 UCSB에 와 있다는 것을 누구보다 잘 알았다. 그러려면 열심히 공부할 수 있는 환경을 찾는 게 중요했다. 그 장소로 아나카파 기숙사의 학업 성취 홀, 다른 말로 '범생이 홀'이 딱 맞았다.

신디는 여름에 캠퍼스를 방문했을 때 서점에서 만난 어느 여학생한테 범생이 홀 이야기를 들었다. 그 여학생은 공부에 전념하려는 학생들을 위해 아나카파 기숙사 안의 두 곳을 추천했다. 저녁에는 학생들이 서로를 배려해 대체로 조용했다. 시끄러운 음악 소리도 안 들리고 즉석 피자 파티도 없었다. 오로지 공부만 했다. 그 여학생은 범생이 홀에는 선배들이 운영하는 서포트 그룹도 있

아나카파 기숙사(왼쪽)에서 신디는 공부와 재미의 균형을 추구하는 신중한 학생들을 만났다. 하와이풍 파티를 즐기는 신시아와 친구(아래).

다고 했다.

1985년 가을, 신디는 UCSB 캠퍼스에 입학했다. 같은 기숙사 학생들이 공부에 몰입하는 만큼 노는 데도 열정적이라는 것을 알게 되어 매우 기뻤다. 월요일부터 금요일까지는 책 속에 코를 파묻을 정도로 공부에 전념했지만, 주말에는 즐거운 시간을 보냈다. 플래그 풋볼flag football을 하거나, 농구 시합을 하거나 영화를 보러 가기도 했다. 여러 명이 텔레비전 앞에 모여 풋볼을 볼 때면, 목청껏 소리를 질렀다. 아나카파는 살기에도 공부하기에도 좋은 곳이었다.

신디는 휴식 시간에 테니스를 치기도 했다. 고등학교 때처럼 승부욕을 보이지는 않았고, 친선 경기를 즐기곤 했다. 신디처럼 경쟁심이 강한 사람에게는 그냥 즐기는 게 어려울 수도 있다. 하지만 아버지의 조언을 따라 긴장을 풀려고 애썼다. 캠퍼스에 라켓을 챙겨오려고 하자, 아버지는 평소 하던 대로 치지 않아도 된다고 당부했다. "가끔은 남자애들한테 져주는 것도 나쁘지 않아." 라고 농담도 했다.

물리학과 더불어 즐겁게

모든 신입생처럼 신디는 영어와 수학 수업도 들었다. UCSB의 공학 전공 학생은 모두 1년 반 동안 기본 물리학 수업을 필수적으로 들어야 했다. 로저 프리드먼Roger Freedman 교수 덕분에, 물리학은 신디가 가장 좋아하는 수업이 되었다.

프리드먼 교수는 물리학의 개념을 인상적인 실험을 통해 재미있게 가르쳤다. 한번은 빨간색 유아용 자동차를 가지고 아이작 뉴턴Isaac Newton을 설명했다. 뉴턴은 물리적 세계에서 물건들이 어떻게 움직이는지 발견한 17세기의 수학자이자 과학자이다. 힘force과 움직임motion을 설명하려고 프리드먼 교수는 소화기를 장착한 자동차 위에 앉았다. 그리고 소화기의 손잡이를 눌렀다. 슉! 하는 소리와 함께 프리드먼 교수는 시속 32킬로미터 이상의 속도로 강의실을 가로질러갔다.

언젠가는 반데그라프Van de Graaff 발전기라는 기계를 가지고 정전기 효과를 설명했다. 학생들이 발전기를 만지면 머리카락이 모든 방향으로 곤두섰다. 프리드먼 교수는 머리카락이 같은 전하를 갖고 있기 때문에 서로 밀어내는 것이라고 설명했다.

신디는 프리드먼 교수의 수업이 무척 재미있었다. 물리학의 개념들을 숙지하려고 열심히 공부했다. 모든 교재를 이해하려고 했고, 과제가 아닌데도 교과서의 문제를 풀었다.

어려운 문제에 부딪히면, 프리드먼 교수를 찾아가 질문을 하며 물리학의 세계를 가능한 한 많이 배우려고 애썼다.

실제 경험

대학교 2학년을 마칠 무렵, 신디는 공학도로서 실제 경험을 하고 싶었다. 전기회로나 전자기 관련 문제를 푸는 것도 중요하지만, 실제 상황에 적용하는 것은 별개의 문제였다. 전기공학 기술자들은 휴대전화나 컴퓨터 프로세서 같은 신제품을 개발한다. 신디도 그런 일에 도전해보고 싶었다.

기회를 엿보고 있던 중, 세계에서 가장 큰 회사 중 하나인 제록스Xerox에서 인턴 사원을 뽑는다는 소식을 들었다. 그것도 UCSB에서 멀지 않은 캘리포니아 엘세군도El Segundo에 위치한 사무실에서 근무한다는 게 아닌가! 신디는 지원했고 합격도 했다.

제록스에 출근하기 전날, 신디의 부모는 직장 생활에 대해 조언해주었다. 딸이 성실한 사원이 될 거라 믿지만, 강력한 인상을 남기는 것이 중요하다고 강조했다. 부모는 다른 사람들보다 먼저 출근하고 가장 늦게 퇴근하라고 권유했다.

부모의 조언에 따라, 그녀는 정해진 시간 이상으로 오래 일했다. 녹초가 되다시피 했지만, 신디는 부모의 말이 옳았다는 것을 알게 되었다. 그녀는 추가로 일한 만큼 보상을 받았다. 첫 월급으로 예상보다 더 많은 금액을 준 것이 아닌가? 누가 실수를 했나? 아니다. 신디의 감독관이 그녀가 일한 시간을 모두 돈으로 받을 수 있게 조정해준 것이었다.

왼쪽과 같은 마이크로칩은 컴퓨터나 계산기부터 디지털 카메라, 텔레비전과 DVD 플레이어 등 수많은 전자 기기에 장착되어 있다. 신시아는 한 해 여름을 제록스에서 마이크로칩 검증 작업을 하면서 보냈다.

제록스에서 신디의 업무 중에는 마이크로칩 설계와 관련된 일도 있었다. 컴퓨터 마이크로칩은 정보를 처리하고, 계산하고 정보의 흐름을 제어하는 아주 작은 기계다. 제록스가 특정 칩을 대량 생산하기 전에 해당 칩이 완벽하게 작동되는지 확인해야 했다.

어느 날 신디는 모든 검증을 끝낸 칩을 가지고 작업을 하고 있었다. 하지만 뭔가 만족스럽지 않았다. 콕 집어 말하긴 어렵지만, 왠지 찜찜했다. 그래서 추가 검증 테스트를 했고, 그 칩에 문제가 있다는 것을 발견했다. 특정한 조건에서 칩이 제대로 작동하지 않았던 것이다. 그녀의 상사가 실수를 미리 발견한 것에 감사를 표했다. 만일 그 칩이 대량 생산되었다면 엄청난 손해를 입었을 것이다.

대학원 진학을 결정하다

UCSB의 상급생이 되면서 신디는 졸업 후 진로를 고민해야 했다. 한동안 그녀는 미국 항공 우주국NASA에서 우주 비행사가 되기 위한 대학원 과정을 준비하려 했다. 프리드먼 교수가 천문학뿐 아니라 우주의 미스터리에 대한 호기심을 자극했기 때문이다.

하지만 대학 마지막 해에 계획을 바꾸었다. 한 친구가 NASA를 위해 행성 탐사 로봇을 만들려고 한다는 이야기를 듣고 나서였다. 사람 없이도 다른 행성을 탐사할 수 있는 기계를 만든다는 게 그녀의 상상력에 불을 지폈다. 어릴 적 영화 〈스타워즈〉의 로봇 캐릭터에 푹 빠져들었던 기억도 새록새록 떠올랐다. 진짜 로봇을 만들면서 돈을 벌 수 있다고?

신디는 대학원을 새로운 시각으로 바라보기 시작했다. 열네 곳의 대학원에 지원서를 냈고 신경을 곤두세워 답장이 오기만을 기다렸다. UCSB에서 평점 3.8에 차석으로 졸업했는데도, 신디는 대학원 입학을 쉽게 생각하지 않았다. 미국 최고의 대학원이므로 꼭 들어간다는 보장도 없었다.

하지만 기우에 불과했다. 거의 모든 대학원에서 입학 허가를 받았고, 연구 조교로 대학원 장학금을 제시한 곳도 있었다. 1순위였던 매사추세츠 공과대학MIT에서는 전액 장학금에 1만 3000달러의 조교 봉급을 내걸었다. 신디는 매우 기뻤다.

MIT의 제안을 받아들인 뒤, 신디는 또 중대한 결정을 내려야 했다. 박사 학위 지도 교수를 쇼핑하듯이 찾기 시작했다. 대학원에서 지도 교수는 멘토 역할을 하며 학생들의 학문 연구를 도와주고 자금을 지원한다. 훌륭한 지도 교수를 찾기 위해, 연구 논문들을 찾아 읽고 마침내 로드니 브룩스Rodney Brooks 교수에게 연락을 했다. 브룩스 교수는 MIT 인공지능 연구소에서 일했다. 이 연구소는 MIT의 컴퓨터공학 및 인공지능 연구실CSAIL에 소속되어 있다. 인공지능은 기계가 사람이나 동물처럼 행동할 수 있게 프로그램을 만드는 컴퓨터공학의 한 분야다.

브룩스 교수는 자율적인 로봇autonomous robot 분야에서 아주 유명하고 존경받는 전문가였다. 자율적인 로봇이란 스스로 판단하고 결정을 내리는 기능을 장착한 기계를 말한다. 주변 환경에 대한 정보를 인식하고 취합한 후 분석해서 물건을 집어올리거나 장애물을 피해 움직이는 과제를 수행한다. 자율적인 로봇은 "왼쪽으로 움직인 다음 오른쪽으로 움직이고, 돌을 주어 올려."처럼 미리 설계된 명령을 따르지 않는다는 점에서 소프트웨어로 작동하는 다른 기계와 다르다. 예측하지 못한 환경에 맞춰 움직이고, 센서로 인식한 정보를 통해 '지능적' 결정을 내린다.

1989년 5월, 신디는 차석으로 UCSB를 졸업해 전기 및 컴퓨터공학 학위를 취득했다(위). 다음 정차할 곳은 MIT의 인공지능연구소. 사랑스러운 두 할리우드 스타(아래)는 신디에게 계속적으로 인공지능 로봇에 대한 꾸준한 영감을 주었다.

신디는 브룩스 교수를 만나자마자 그의 열정, 온화함, 불손한 유머 감각에 매료되었다. 멋진 로봇 세계로 발을 디딘 신디는 브룩스 교수가 도전정신을 불러일으킬 멘토라고 확신했다.

여섯 개의 다리, 열아홉 개의 모터,

수많은 소형 컴퓨터가 장착돼

험한 지형에서도 신속하게 움직일 수 있는 것이 무엇일까?

MIT의 모봇 연구소에서, 신시아가 다리가 여섯 개 달린 로봇 한니발(빨간색),
아틸라(금색)와 함께 포즈를 취하고 있다.

5장

모봇 연구소

신시아는 1990년 매사추세츠 케임브리지에 위치한 MIT 캠퍼스로 왔다. 그녀는 인공지능AI을 공부하려고 MIT에 와서 다양한 사례를 접했다. MIT의 학생들과 교수들은 그녀가 지금껏 만난 어떤 사람들보다 명석하고, 잘 훈련되어 있고, 창의적인 사람들이었다. 신시아는 동지애, 우호적인 유대감, 어떤 문제를 해결하기 위한 인력 풀에 기꺼이 참여하고자 하는 분위기에 곧바로 감명을 받았다. 열심히 연구하고 모든 연구 기회를 잘 활용한다면, 결국 AI 분야에 큰 기여를 하게 될 것이라는 느낌이 들었다.

겁 없는 리더

신시아의 지도 교수 로드니 브룩스 교수는 대학원생들에게 여러 기회를 주었다. 그는 로봇공학robotics 분야에서 오랫동안 연구했으며, 이미 획기적인 아이디어로 그 분야에 크게 기여했다. 예를 들어 1980년대 중반에 브룩스 교수는 생물체, 그중에서도 특히 곤충들의 움직임을 연구하기 시작했다. 그는 곤충들이 현존하는 이동 로봇보다도 더 효율적으로 움직인다는 점에 착안했다. 예컨대 크기가 작은 개미는 다양한 지형에서 인간이나 기계보다 길을 더 잘 찾는다. 브룩스 교수는 이런 의문이 들었다. '진짜 곤충과 똑같은 기능을 하는 기계 개미를 만들 수 있을까?'

이 지구 사진은 아틸라와 한니발 같은 로봇이 달에서 얼마나 잘 움직일 수 있는지 테스트하려고 만든 세트장의 일부를 찍은 것이다.

처음에 그런 로봇은 환경에 반응하여 팔다리를 적절하게 움직이는 데 필요한 모든 계산을 수행하는, 복잡한 컴퓨터 기능을 갖춘 뇌가 필요할 거라고 생각했다. 그때 브룩스 교수는 혁명적인 아이디어를 떠올렸다. '만약 로봇의 행동을 가능한 한 단순하게 만든다면 어떻게 될까?' 이 질문의 실마리는 로봇이 주변 환경을 파악하도록 여러 개의 센서를 장착한 다음 그 기계가 자동으로 대처할 수 있게 프로그래밍한다는 것이다. 이것은 로봇이 개별 움직임의 장단점을 비교하고 검토하는 행위로부터 자유로워진다는 뜻이다. 하나의 대형 컴퓨터가 모든 계산을 하는 게 아니라, 그 로봇은 동시에 작동하며 서로 의사소통이 가능한 소형 처리 장치processor를 여러 개 가진다.

로봇을 단순하게 만든다는 아이디어를 견지하면서, 브룩스 교수는 자신이 만들려는 자동화된 곤충이 완벽하게 걸을 필요는 없다고 생각했다. 진짜 곤충들이 험난한 지형을 이동하는 모습이 담긴 비디오를 시청한 후에 브룩스 교수는 그 곤충들이 넘어지기도 하지만 곧바로 균형을 바로잡는다는 점에 주목했다. 이 아이디어는 AI 연구소의 첫 번째 로봇 곤충인 칭기즈Genghis의 탄생으로 이어진다. 12세기 몽골 제국의 군사 지도자 칭기즈칸Genghis Khan의 이름을 딴 것이다.

브룩스 교수가 칭기즈에 대해 연구하는 동안 NASA의 과학자들은 화성 탐사가 가능한 로봇을 설계하고 있었다. 1980년대 후반에 NASA가 개발 중이던 탐사선 모델은 무게가 1톤 이상이며, 제작비로 약 120억 달러가 필요했다. 브룩스 교수는 이 로봇 관련 기사를 읽은 뒤, 자신의 연구를 떠올렸다. 동시에 이런 의문이 들었다. 'NASA가 빨리 움직이지도 못하는 로봇 하나에 그렇게 많은 돈을 들일 필요가 있을까?'

칭기즈의 성공에 영감을 얻어 브룩스 교수와 그의 동료 애니타 플린Anita Flynn은 다른 방법을 제안하는 논문을 썼다. '화성에 2200파운드(약 1000킬로그램)의 로봇 대신 2.2파운드(약 1킬로그램)의 로봇을 보내면 어떨까?' 이 방법은 장점이 많았다. 우선, 로봇 개발 시간이 훨씬 적게 걸린다는 점이다. 게다가 탐사선이 위험 지역을 돌아다니는데도 관리와 감독이 충분히 이루어지지 못하는 상황이 생길 수도 있다. 그런데 이 조그마한 로봇은 서로 의사소통 없이도 탐사대와 협동 작업을 할 수 있다. 이 논문은 1989년에 학술지 〈영국행성간협회 저널Journal of the British Interplanetary Society〉에 '빠름, 저렴함, 통제 불능: 태양계를 침범한 로봇'이라는 기발한 제목으로 실렸다.

1990년대 초반에 브룩스 교수 팀은 곤충 같은 기계로 더 안전하게, 더 적은 비용으로 행성의 표면을 탐사할 수 있는 마이크로 탐사선 제작 연구비를 받게 되었다.

이동 로봇 연구소Mobile Robot Laboratory의 약자인 모봇 연구소Mobot Lab에서 일하는 것은 대학원 신입생에게 꿈 같은 일이었다. 신시아의 MIT 입학 시기는 이보다 더 완벽할 수가 없었다.

모봇 제작하기

여섯 개의 다리, 열아홉 개의 모터, 수많은 소형 컴퓨터가 장착돼 험한 지형에서도 신속하게 움직일 수 있는 게 무엇일까? 이 수수께끼의 답은 사실 두 개다. 아틸라Attila와 한니발Hannibal이 바로 그것. MIT에서 진행된 이 쌍둥이 로봇의 제작에 신시아가 참여했다.

아틸라와 한니발은 색깔을 제외하고는 똑같다. 아틸라는 금색이며 한니발은 붉은색이다. 대부분 금속으로 만들어졌고, 각각 여섯 개의 다리를 가지고 있다. 다리마다 세 개의 모터가 부착되어 서로 다른 방향으로 움직일 수 있었다. 모터 하나는 다리를 전후 방향으로, 다른 모터는 위아래로 움직이게 한다. 세 번째 모터는 팔꿈치처럼 중간 관절 부위를 접을 수 있도록 기능한다. 로봇 제작자들이 서로 자랑할 때 종종 '자유도'를 언급한다. 자유도란 어떤 대상이 움직일 수 있는 방법의 가짓수를 뜻하는 개념이다. 자유도는 해당 대상의 구조와 관련이 있다. 세 가지 경로로 움직일 수 있는 다리는 자유도 3을 가졌다고 말한다. 아틸라와 한니발의 몸체는 자유도 19 이상을 가지고 있다. (여기서 자유도 19는 여섯 개의 다리가 부착된 로봇 척추의 움직임과 관련된 것이다.) 소형 로봇이 이 정도의 자유도를 갖는 것은 인

모봇 연구소의 기계 공장에서 신시아가 캘리퍼스(물체의 지름이나 두께를 측정하는 도구)를 사용하여 도구를 측정하고 있다.

상적이다.

민감한 설계

주변 환경을 탐색하고 장애물을 피하는 로봇을 개발하기 위해, 대학원 동료 사이인 신시아와 콜린 앵글Colin Angle(브룩스 교수와 함께 칭기즈를 개발한 학생)은 아틸라와 한니발에 각각 예순 개 이상의 센서를 설치했다. 각 로봇의 머리에는 수염 같은 두 개의 터치 센서touch sensor가 있다. 이 수염이 어떤 것에 부딪히면, 뒤로

한니발과 아틸라는 위험에 반응하고 험한 지역을 돌아다니고 실수를 감지해 처리하도록 설계되었다. 달과 비슷한 환경에서 로봇들을 테스트하기 위해 연구소에 '샌드 박스'를 제작했다. 샌드 박스에서 로봇들은 자갈과 모래 위를 다니면서 장애물 회피를 시도한다.

움직이라는 메시지를 다리로 전달했다. 다리마다 역각 센서force sensor가 있는데, 움직일 곳이 막혔을 때 로봇에게 알리는 역할을 했다. 몸체의 각도를 알려주는 센서도 로봇에 부착했다. 이 센서는 로봇이 균형을 유지하는 데 도움을 주었다. 수많은 센서 외에도 카메라 시스템을 장착한 아틸라와 한니발은 사람을 식별하고 사람을 따라다닐 수 있었다.

고장 수리

신시아 팀은 로봇을 설계할 때, 로봇의 작동을 지원하는 컴퓨터 소프트웨어를 개발했다. 각각의 몸체 부분, 즉 여섯 개의 다리, 몸, 머리는 자체 마이크로프로세서를 가지고 있다. 이 소프트웨어는 여러 센서가 취합한 데이터를 분석해서 모터가 적절하게 움직이게끔 반응했다. 게다가 마이크로프로세서 사이에 정보 공유가 가능해야 했다. 로봇 곤충이 일어서거나 장애물을 피해 움직이는 등 여러 가지 행동을 수행하게 만드는 것이 목표였다.

그러나 쉬운 일이 아니었다. 기계는 고장이 날 수도 있다. 아틸라와 한니발도 예외는 아니었다. 센서가 오작동하거나 기어가 움직이지 않는 등 기계 장치와 전기 관련 문제가 자주 발생했다. 만약 로봇이 달에 있을 때 이런 고장이 일어난다면 어떻게 될까? 로봇이 고장을 해결할 방법을 찾도록 도와주는 소프트웨어 개발에 신시아는 매료되었다.

이런 기술적인 도전은 수많은 생각과 고민이 따라야 했지만, 연구소 생활은 매일 재미있고 흥미로웠다. 신시아의 연구팀은 기발한 생각을 뽑아내야 했기 때문이다. 이런 문제를 해결하는 게 언젠가는 AI 연구 공동체 모두에게 혜택으로 돌아갈 거라는 기대 역시 작업을 흥미진진하게 만드는 요인이었다. 좋은 연구를 한다는 것은 배운 것을 다른 과학자들과 공유한다는 것이다. 방법은 연구 논문이나 학회 발표 등 여러 가지가 있다. 공유 과정이야말로 과학이 발전해가는 밑거름이다.

결국 신시아는 로봇의 고장을 줄일 해결책을 찾았다. 로봇이 센서 또는 기계 부품의 고장을 스스로 해결할 수 있는 소프트웨어를 개발한 것이다. 이 소프트웨어는 마이크로 탐사선이 어디에 문제가 있는지 식별하고 남은 부품으로 작동할 방법을 찾아주었다. 덕분에 로봇의 실시간 반응이 가능해졌다. 그 외에도 신시아는 여섯 개의 다리를 가진 창조물이 아주 험난

연구소에서 유머는 전혀 문제가 되지 않는다. 신시아는 새 로봇을 제작할 때마다 팀 티셔츠를 만들었다. 그림을 보면 개미 로봇들이 달에서 소풍을 즐기는 외계인 가족을 침략하고 있다.

한 지형을 이동하는 모델을 개발했다. 이때의 모델이란 과정이나 시스템을 설명하는 방법을 말한다. 신시아는 실제로 다리가 여섯 개 달린 곤충의 행동을 바탕으로 모델을 개발했다.

신시아는 연구 결과를 150쪽짜리 논문으로 발표했다. 이 논문이 신시아의 석사 학위 논문이며, 그 제목은 '센서와 작동기를 장착한 자율적인 로봇의 강력한 자동 제어Robust Agent Control of an Autonomous Robot with Many Sensors and Actuators'였다.

모봇, 대중과 만나다

당연히 한니발과 아틸라는 관심을 집중적으로 받았다. 스미소니언 항공우주과학관Air and Space Museum 행성 탐사선 전시관은 아틸라를 전시하려고 브룩스 교수 팀을 초청했다. 신시아는 워싱턴 D.C. 방문에 무척 흥분되었다. 거기 머물면서 우주인 출신 상원의원 존 글렌John Glenn을 만나기도 했다.

국립항공우주과학관에서 신시아는 우주 비행사 출신 상원의원 존 글렌을 만났다. 1962년에 그는 지구 궤도를 돈 최초의 미국인이 되었다.

또 다른 기회에, 세계 최대 우주 연구 단체인 행성협회Planetary Society가 캘리포니아 데스밸리에서 행성 탐사선을 주제로 다국적 행사를 열었다. 신시아는 그 행사에 한니발을 출품했다. 데스밸리의 지형은 로봇이 화성에서 만나게 될 지형과 비슷했다. 신시아는 한니발이 좀 더 실전 환경에서 어떻게 행동하는지 볼 기회가 있었다. 한니발은 경사를 올라가 소련이 제작한 로봇의 등에 올라감으로써 '도킹'을 시도해볼 수 있었다.

한니발과 아틸라의 성공으로, 브룩스 교수 팀은 더 큰 프로젝트로 나아갈 기반을 마련했다.

HAL 기념하기

1992년 1월 12일 브룩스 교수는 신시아와 대학원생들을 집으로 초대해 생일 파티를 열었다. 특별 손님은 바로 HAL이었는데, HAL은 영화 감독 스탠리 큐브릭Stanley Kubrick의 공상과학영화 〈2001년 스페이스 오디세이2001: A Space Odyssey〉에 나오는 가상의 컴퓨터다. 1968년에 제작된 영화에 따르면, 1992년 1월 12일은 HAL이 작동하기 시작한 날이었다. 실제 그날을 기념하기 위해 브룩스 교수는 가상의 컴퓨터인 HAL을 위한 생일 파티를 마련했던 것이다.

〈2001년 스페이스 오디세이〉는 브룩스 교수에게 무척 중요한 영화였다. 그는 오스트레일리아에서 기계 장치 조립을 좋아하는 십대 시절에 그 영화를 처음 보았다. 어린 브룩스는 시각을 사용하며 인간과 지적인 의사소통을 할 수 있는 놀라운 컴퓨터 HAL을 보고 큰 감동을 받았다. 실제로 브룩스 교수가 인공지능을 연구하도록 영감을 불어넣은 게 바로 HAL이다.

파티 내내 대학원생들은 지금 만들고 있는 로봇 곤충과 HAL로 대표되는 지적인 기계를 예리하게 비교하며 논쟁을 벌였다. 2001년까지는 아직 10년이나 남았다. 브룩스 교수 팀은 앞으로 어떻게 해야 HAL의 판타지를 구현할 수 있을까? 로드니 교수의 말마따나 'HAL과 같은 전망을 보여줄 사람'이 신시아 이외에 없다는 것을 그때는 몰랐다.

혁명적인 안식년

브룩스 교수는 1992년 MIT에서 안식년을 보냈다. 안식년이란, 교수들이 여행을 가거나 다른 연구 기관에서 가르치거나 새로운 연구 주제를 탐색할 수 있는 기간을 말한다. 그 기간은 몇 개월에서 일 년이 될 수도 있다. 신시아는 멘토의 조언을 그리워했지만 이 기간이 독자적으로 연구할 절호의 기회라는 것 또한 알고 있었다.

안식년 동안 브룩스 교수는 곤충 로봇에 대해서 깊이 생각할 기회를 가졌다. 곤충 로봇은 인상적이지만, 전혀 HAL 같지 않았다. 브룩스 교수는 복귀하면 팀을 이끌어 파충류 로봇을 만들고 그다음에는 인공 포유류와 인조인간을 만들어야겠다고 생각했다. 그러나 인생이 너무 짧다는 것을 실감한 브룩스 교수는 죽기 살기로 해보겠다고 결심했다. 모든 기술적인 장벽에도 그는 연구팀이 인간의 모습을 띤 자율적인 로봇을 제작해야 한다고 마음먹었다. 신시아와 다른 학생들도 도전에 나설 준비가 되어 있었다.

코그의 탄생

인간과 비슷한 로봇을 만들겠다는 염원은 1993년부터 시작해 마침내 코그Cog로 결실을 맺었다. 이 로봇은 인간의 상반신과 크기가 비슷했고, 무거운 금속 팔을 가지고 있었다. 아틸라나 한니발과 달리 코그는 다리가 없었다. 브룩스 교수 팀은 로봇의 기동성보다는 시각과 청각 기능을 개선하는 데 초점을 맞춰야 한다고 생각했다. 신시아는 '코그'라는 이름을 생각해냈다. 로봇의 기계적인 측면을 본다면 기어의 가장자리에 있는 톱니바퀴의 '톱니cog'를 뜻하고, 지적인 측면에서 보자면 '인지cognition'의 줄임말이기도

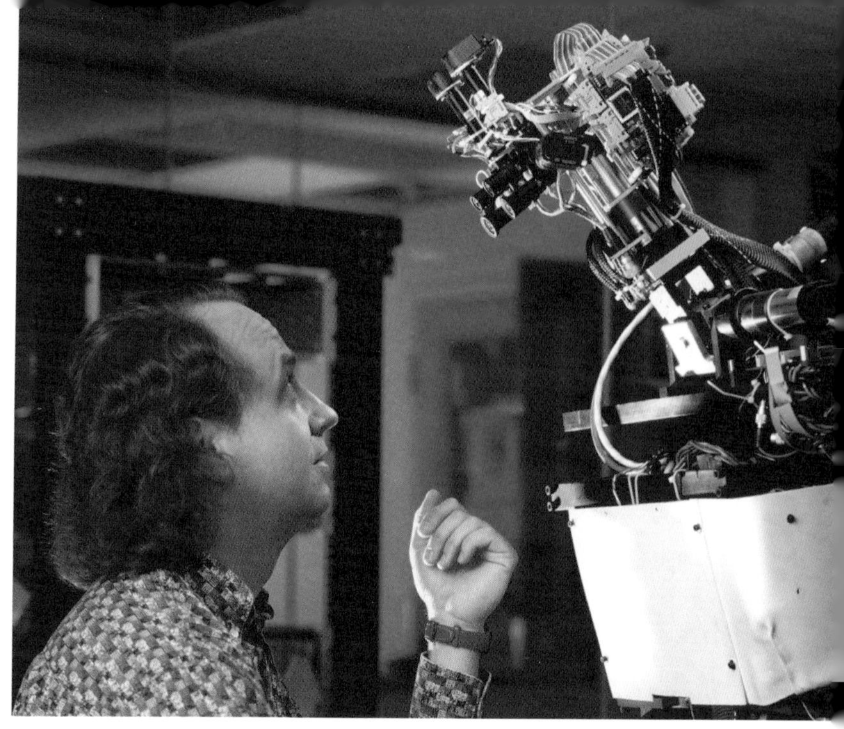

로드니 브룩스는 코그에 놀라워했다. 물체의 움직임을 따라 머리를 움직이는 것과 슬링키 장난감을 가지고 노는 것 등 코그는 인간의 행동을 흉내 낼 수 있었다.

했다.

AI 팀의 야심찬 포부는 지적이고, 인간과 상호작용을 할 수 있는 코그를 만드는 것이었다. 코그의 인지적 목표를 달성하려면 이 로봇은 재빨리 '보고', 환경을 분석해 아주 부드럽게 움직이며 반응해야 했다. 누구든 코그를 보면 기계라는 것을 알 수 있다. 연구팀은 코그와 접촉한 사람들이 기계가 사람처럼 움직이는 사실에 놀라워하기를 바랐다. 덜컥거리는 움직임 하나에 환상이 깨져버릴 수도 있다.

마침내 시각을 가지다

AI 팀은 코그를 만드는 방법에 대해서 논쟁을 많이 거쳤다. 로봇에게 정교한 시각 시스템을 부여하는 게 필수적이었다. 사람들은 대화하면서 시선을 마주치는 게 말할 때와 들을 때를 알려주는 사회적 신호 중에 하나다. 구직자가 면접에 성공하려면 면접관과 시선을 마주치는 게 중요하다고 흔히들 말하지 않는가. AI 팀은 코그가 사람들과 시선을 맞추고, 얼굴을 인식하기를 원했다. 사람들의 눈 위치를 파악하기 위해서 코그는 두 종류의 '눈'이 필요했다. 하나는 주위 환경을 넓은 시각으로 보는 것이고, 다른 하나는 클로즈업 기능이었다.

신시아는 코그의 제작을 도왔다. 그녀는 어떤 물질을 사용할까 고민하는 데 많은 시간을 할애했다. 조립하는 데는 더 많은 시간을 들였다. 코그의 첫 번째 시각 행동 시스템을 설계하는 게 그녀의 가장 큰 과제였다. 시각 행동 시스템이란, 코그가 뭔가를 '봤을' 때 그것에 반응해 어떻게 행동할지 결정하는 시스템을 말한다. 누군가 방에 들어오면 코그는 그 사람 쪽으로 몸을 돌려, 그 사람의 움직임을 눈으로 좇아가야 한다.

가끔가다 개발 과정에서 스트레스가 쌓이기도 했지만, 신시아와 동료들은 유머 감각을 유지하려고 애를 썼다. 코그 개발 소식이 퍼져나가면서, 사람들은 더 많은 정보를 얻으려고 MIT 웹사이트를 방문하기 시작했다. 대학원생들은 FAQ 페이지의 유지 관리 업무를 맡았다. 여기 올라온 질문 중에 이런 게 있었다. “당신들은 로봇이 너무 지적이거나 너무 강력한 힘을 가지게 될지도 모른다는 걱정을 하시나요?” 대학원생들은 “아닙니다. 로봇이 인간에 맞서 유혈 투쟁을 벌이며 자기네 종족을 조직하는 경우에도 인간을 지켜야 한다고 프로그래밍을 했기 때문이죠.”라고 아주 불손하게 답변했다.

로드니 브룩스는 이렇게 말하곤 했다. “생각하는 로봇을 만든다는 것은 사람들에게 지성의 작동 기제에 대한 질문을 던지는 것이다.”

시각 이상으로

AI 연구소 방문자들은 코그의 긴 금속 팔이 위협적이라고 생각했다. 팔의 움직임을 보고 나서야 안심했다. 코그는 드럼도 치고, 슬링키 장난감도 가지고 놀았다.

어느 날 비디오 녹화를 하는 중에 신시아는 화이트보드 지우개를 들고 흔들었다. 코그는 지우개를 향해 움직이더니 지우개를 손으로 만졌다. 신시아는 잠시 기다렸다가 지우개를 다시 흔들었다. 코그 역시 다시 손을 뻗어서 지우개를 잡으려 했다. 이런 행동은 그 당시에는 별일이 아니었다. 그러나 나중에 그 비디오테이프를 본 팀원들은 깜짝 놀랐다. 코그는 신시아와 함께 번갈아가며 하는 게임에 열중하는 것처럼 보였기 때문이다. 번갈아가며 하는 게임은 로봇에게 애초부터 프로그램된 것보다 훨씬 복잡한 과제였다.

신시아는 전율을 느꼈다. 코그와 자신의 상호작용을 담은 동영상을 보면서, 신시아는 아기가 부모에게서 세상살이를 배워나가는 과정을 떠올렸다. 아기가 말도 모르고 말을 되받아서 반응하지 못해도 부모는 아기가 태어나자마자 아기에게 말을 건넨다. 부모는 아기가 어떤 반응을 보일까 기대하며 말을 하다가 가끔 멈추기도 한다. 그런 식으로 차츰 시간이 지나면서 아기는 언제 어떻게 말해야 하는지 배운다.

신시아는 인간과 사회적으로 상호작용을 하는 로봇을 만들 수 있을까? 기계처럼 보이지만 표정이나 '감각'이 살아 있는 생명체 같은 로봇 말이다. 신시아는 아기가 부모와 교감을 나누듯이, 사회적 신호를 표현하는 아기 로봇을 프로그램으로 짜는 게 가능할지 상상해보았다. 시선 맞춤이 중요했다. 그런 로봇은 언제 행복하고, 슬프고, 놀라는지 사람들이 알아차릴 만한 얼굴과 목소리를 사용해야 한다. 신시아는 로봇이 더 어려 보이면 좋겠다고

1993년, 노먼과 줄리엣 브리질이 신시아의 MIT 석사 학위 취득을 자랑스러워하며 축하하고 있다.

생각했다. 아기를 돌보거나 같이 놀아주면서 사람들이 반응할 때처럼 로봇이 좀 더 아기처럼 보이기를 원했다.

이 로봇 프로젝트를 생각할수록 신시아는 가슴이 설렜다. 공상 과학 이외에는 아무도 이 방향으로 가본 적이 없었다. 사람은 대화할 때 항상 자기 표정을 사용해 다른 사람들과 상호작용을 한다. 그러나 인간과 로봇이 감정과 관련된 표현을 하면서 상호작용을 하는 것은 아무도 발을 내딛지 않은 영역이었다.

드디어 신시아는 자신의 아이디어라고 부를 만한 새로운 연구 과제에 돌입했다. 브룩스 교수와 동료 대학원생들의 도움으로 신시아는 코그의 어린 동생을 만드는 작업을 시작했다.

로봇 제작법

로봇은 형태와 크기가 다양하다. 어떤 로봇은 머리가 있고 어떤 로봇은 없다. 어떤 로봇은 두 다리로 걷고 어떤 로봇은 여섯 개의 다리로 걷는다. 어떤 로봇들은 바퀴로 이동한다. 로봇의 겉모습이 다양하듯 기능 역시 다양하다. 어떤 로봇은 자동차를 만들고, 어떤 로봇은 잔디를 깎고, 어떤 로봇은 청소를 한다. 나중에는 우주 비행사를 도와주는 로봇도 생길 것이다. 오늘날 '살아 있는 기계들'은 오락만을 위해 제작된다. 로봇은 다양하지만 다음과 같은 기본적인 요소를 가지고 있다.

첫째, 로봇의 몸체는 정교한 작동 메커니즘으로 연결되어 있다.

둘째, 로봇은 주위 환경에 관한 정보, 즉 시각, 소리, 온도, 그리고 움직임 등을 수집하는 센서가 있다.

'양치기 개 로봇sheepdog robot' 로버rober는 기본 설계 요소가 같은 로봇들이 얼마나 다양한지 보여준다. 로버는 동물의 행동을 통제하려는 목적으로 설계된 최초의 자율적인 로봇이다. 이 로봇은 오리(개를 훈련시킬 때 곧잘 쓰는 동물) 떼를 안전하게 몰 수 있다.

셋째, 로봇은 작동기actuator라고 불리는 모터를 가지고 있다. 작동기는 근육처럼 움직이는데 로봇에 기동성을 제공한다. 작동기는 로봇의 자유도를 증가시키기도 한다. 만약 로봇의 머리가 좌우로 회전할 수 있다면 자유도가 1이다. 만약 로봇의 머리가 위아래로도 움직일 수 있다면 이 머리의 자유도는 2가 된다. 로봇의 자유도가 클수록 로봇의 움직임은 진짜같이 보일 것이다.

넷째, 로봇이 작동하려면 전원電源이 필요하다. 대부분의 로봇은 배터리가 장착돼 있거나 전기 콘센트로 연결되어 있다.

마지막으로, 로봇은 정보를 처리하고 결정을 내리기 위해 컴퓨터 프로그램이나 소프트웨어가 필요하다. 이들 프로그램은 여러 알고리즘을 포함한다. 알고리즘이란 문제를 해결하기 위한 논리적이고 단계적인 절차를 의미한다. 알고리즘 덕분에 로봇은 생각하고 행동하고 학습할 수 있다. 소프트웨어는 센서 정보를 기반으로 로봇이 독자적인 결정을 내리게 해준다.

이런 다섯 가지 요소가 어떻게 개발되는지는 로봇 설계의 핵심 질문에 달려 있다. 이 기계의 목적은 무엇인가? 이게 바로 핵심 질문이다. 신시아의 로봇은 대부분 사람들과 상호작용하면서 사회적 지능을 발현하게끔 설계되어 있어서 그녀가 만든 로봇들은 이런 요소들을 반영하고 있다.

인간의 다양한 감정을 전달하는

로봇의 얼굴을 어떻게 만들까?

코그로는 새로운 연구 과제를 탐구하는 게 여의치 않을 수도 있다는 것을 깨닫고,
신시아는 새 로봇 키스멧 제작에 착수했다.

6장

시대를 앞서서

신시아는 MIT 로드니 브룩스 교수의 연구소에서 1997년까지 7년간 로봇을 제작했다. 그녀는 아틸라, 한니발 그리고 코그를 설계하고 프로그래밍하는 데 핵심적인 역할을 했지만, 로봇마다 탐구할 질문이 달랐다. 신시아의 신규 프로젝트는 표현력이 풍부해서 인간과 잘 어우러지는 로봇을 만드는 것이었다. 무척 어려운 작업이었다. 그녀는 인간의 다양한 감정을 전달하는 로봇의 얼굴을 어떻게 만들었을까? 영국의 생물학자 찰스 다윈이 19세기에 이미 간파했듯이 인간은 동물 중에서 가장 복잡하고 다양한 얼굴 표정을 가지고 있다.

눈앞에 놓인 과제를 생각하며, 신시아는 6학년 때부터 동경해오던 발명가 레오나르도 다빈치의 입장에서 고민했다. 시대의 한계를 뛰어넘어 사고하던 그 예술가이자 과학자가 똑같은 처지에 놓였다면 어떻게 했을까? 신시아는 다빈치라면 핵심 질문을 깊이 고민하고, 필요한 자원을 취합한 다음 일을 진행해 나갈 거라고 추측했다.

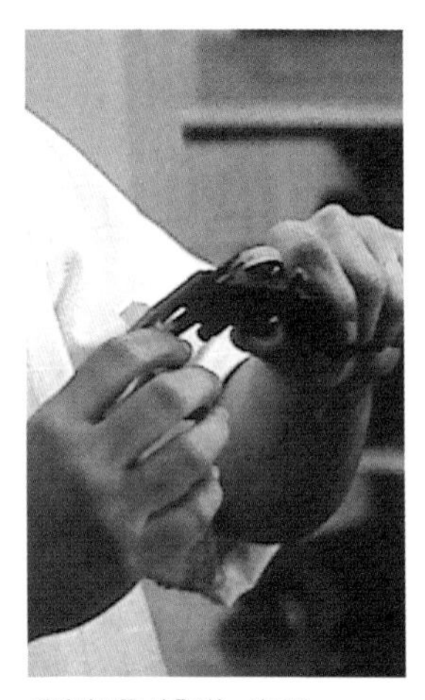

캘리퍼스를 사용하는 신시아.

신시아도 그렇게 했다.

유아의 행동을 모방하는 로봇을 만들기 위해 신시아는 발달심리학 관련 서적과 논문을 읽기 시작했다. 심리학의 한 분야인 발달심리학은 어린 아이들의 학습과 성장, 행동을 집중적으로 연구한다. 아기는 살아가거나 엄마를 비롯한 어른들과 소통하는 데 필요한 본능을 가지고 태어난다. 신시아는 로봇에게 어떤 본능과 동기가 필요할까 깊이 생각했다. 뇌가 발달하면서 아기는 오감을 통해 들어오는 정보, 그중에서도 시각과 청각 정보에 많이 의지한다. 신시아는 코그의 보고 듣는 능력을 어떻게 발전시킬까 생각했다.

개발 초기 단계에 신시아는 굉장히 독특한 로봇 이름을 찾고 있었다. 그녀는 재미있으면서도 전통적인 남자나 여자 이름이 아닌 이름을 원했다. 그녀는 '기즈모Gizmo'가 마음에 들었지만 감독 조 단테Joe Dante가 1984년에 영화 〈그렘린Gremlins〉에서 이 캐릭터를 이미 사용했다. 어느 날 새로운 이름이 그녀의 머릿속에 떠올랐다. 신시아는 자기가 만든 로봇을 '운명'이라는 뜻을 가진 '키스멧Kismet'이라고 불렀다.

키스멧에 대해 처음 들었을 때, 브룩스 교수는 신시아가 진행하는 연구가 이 분야에서 새로운 시도가 될 것이라고 확신했다. 키스멧은 드넓은 포부, 대담한 지성, 창의적인 개념, 바로 브룩스 교수가 모든 학생들에게 고취시키고자 하는 자질이 하나로 어우러진 연구였다.

큰 눈을 가졌네요!

코그는 굉장히 인상적인 로봇이었지만, 코그의 크기는 방문자에게 상당히 위협적이었다. 그래서 신시아는 키스멧을 활기차고 매력 넘치는 애굣덩어리로 만들겠다고 마음먹었다. 목표는 사람과 로봇이 상호작용하는 것이다. 사람들이 키스멧을 아기처럼 대하게 하려면 코그보다 훨씬 더 작게 만들어야 했다. 그런데 키스멧을 진짜 아기 크기로 제작하면 로봇에 필요한 기어나 와이어를 넣을 공간이 없을지도 모른다. 또한 로봇에 표정이 풍부한 얼굴을 부여하려면 팔과 다리가 없는 게 더 좋을 것 같았다.

아틸라와 한니발과 달리 키스멧은 돌아다닐 필요가 없었다. 이 로봇이 기계로 된 머리만 있으면 어떨까? 아기를 돌보는 듯한 느

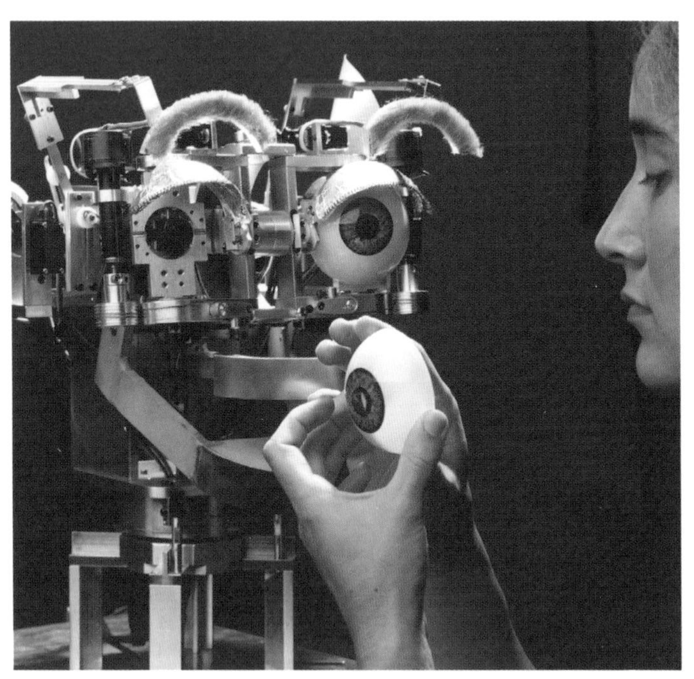

사람과 키스멧의 상호작용을 원활하게 하려고, 신시아는 네 개의 카메라 중 두 개를 로봇의 큼지막한 파란색 눈 안에 설치했다.

낌이 나게, 신시아는 낮은 테이블 위에 로봇의 머리를 올려놓았다. 방문한 사람이 자리에 앉으면 로봇과 눈을 맞출 수 있게 하기 위해서였다. 그녀는 움직이는 목을 추가했다. 키스멧은 좋아하는 것에는 머리를 더 가까이 다가가고, 무서운 것에는 떨어질 수 있게 되었다. 어른과 아기 사이에 유대감이 형성되는 과정을 다룬 글을 읽은 후, 신시아는 키스멧에 굉장히 큰 눈을 만들어주기로 결심했다. 그녀는 만화 캐릭터 같은 왕눈이를 만들어 사람들의 이목을 집중시키고, 사람들이 이 로봇과 소통하기를 원했다. 키스멧의 눈 표정이 더 풍부하게 보이도록 신시아는 굉장히 큰 눈꺼풀과 긴 속눈썹, 그리고 진한 눈썹을 만들었다. 키스멧의 눈이 실제로 볼 수 있게끔 신시아 팀은 코그의 시각 시스템을 응용했다. 키스멧의 얼굴에 네 개의 카메라를 장착했는데, 두 개는 푸른색 눈 안에 하나씩, 다른 하나는 눈과 눈 사이에, 나머지 하나는 키스멧의 코가 있을 자리에 설치했다. 카메라 두 개는 넓은 시야각의 정보를 수집하고, 나머지 두 개는 클로즈업 정보를 포착할 수 있게 했다.

신시아는 키스멧을 설계할 때 로봇의 머리를 사람의 머리와 확연히 다르게 보이게 만들려고 했다. 선행 연구 결과를 보면, 대부분 사람의 몸과 흡사한 로봇은 사람들이 거부한다고 언급했다. 그래서 신시아는 키스멧의 금속막대, 기어, 와이어를 감추려고 하지 않았다. 그녀는 키스멧에 귀여운 분홍색 귀까지 만들어주었

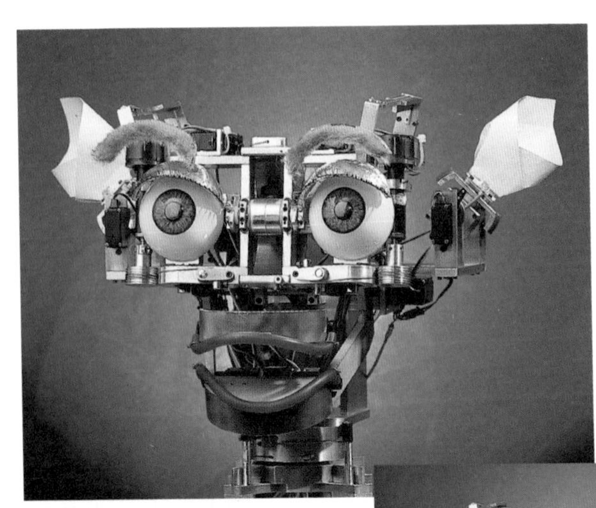

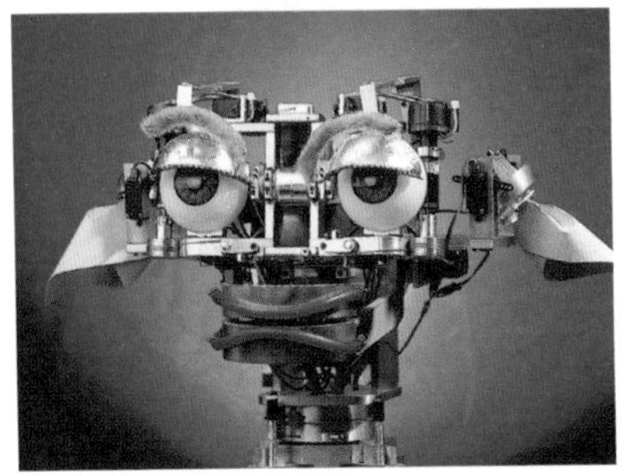

키스멧의 표정은 감정 상태를 나타낸다. 여기서 표현하는 다섯 가지 인간의 감정은 위에서부터 시계 방향으로 놀람, 피로, 행복, 슬픔, 분노다.

다. 돼지의 귀를 본떠 만들었다. 신시아는 키스멧의 입술로 외과 수술용 튜브를 사용하면 매우 유연하고 빨간 펜으로 쉽게 색칠할 수도 있다는 것을 알게 되었다.

다음 질문이 중요했다. 어떻게 해야 키스멧이 내면의 감정 상태를 표현할 수 있을까? 그 답을 찾으려고 신시아는 심리학의 여러 연구 자료를 참고하고, 고전 애니메이션 기법을 연구했다. 살아 있는 감정을 지닌 만화 같은 캐릭터를 만들기 위해서, 그녀는 다음 요인을 고려해야 한다는 것을 깨달았다.

- 단순화하기. 한 번에 단 하나의 감정만 표현하라.
- 움직임과 변화를 가능한 한 부드럽게 만들어라.
- 신빙성이 사실성보다 더 중요하다.
- 입술 모양을 정확하게 맞추려고 너무 신경 쓰지 마라. 만화의 립싱크가 너무 들어맞으면 부자연스럽게 보인다.

이러한 조언을 마음에 새기며 신시아는 키스멧의 제작 작업을 개시했다.

로봇공학에 인간의 얼굴 입히기

머리만 있는 로봇으로 키스멧만 있는 게 아니다. 예를 들어 K-Bot이 있다. 댈러스에 위치한 텍사스 주립대학의 박사과정 학생 데이비드 핸슨David Hanson이 2002년에 만든 K-Bot의 내부는 신시아 브리질의 가장 유명한 로봇인 키스멧의 내부와 비슷했다. K-Bot의 내부에는 디지털카메라, 전선, 소형 모터, 그리고 마이크로프로세서가 포함되어 있었다. 그러나 키스멧의 겉모습과 달리 K-Bot의 시각디자인은 다른 방향으로 진행되었다.

데이비드의 로봇은 부드러운 피부 같은 플라스틱으로 덮여 있었고 머리카락이 없는 것을 제외하면 사람의 얼굴과 비슷하다. 사실 K-Bot은 핸슨의 실험실 조교 크리스틴 넬슨Kristen Nelson의 얼굴을 본떠 만들었는데, 이름도 크리스틴에서 K를 따온 것이다. 데이비드는 취미로 얻은 조립품이나 공예품, 철물점의 부품 등을 사용해 400달러 정도의 저렴한 가격으로 K-Bot을 만들었다.

데이비드가 K-Bot을 노트북 컴퓨터에 연결하면 얼굴이 움직였다. 로봇은 1분은 웃다가 그다음에는 찡그리는 표정을 지었다. 데이비드는 K-Bot의 움직임을 개발하려고 많은 시간을 들여 인간의 얼굴 근육을 다룬 해부학 서적을 연구했다. 인간의 얼굴 표정을 흉내 내는 것은 매우 힘든 일이었기 때문이다. 웃거나 찡그리는 표정을 지을 때는 수십 개의 크고 작은 근육들을 사용한다.

인간의 얼굴을 한 로봇을 만들 때 직면하는 또 다른 어려움은 심리적인 측면에 있다. 신시아를 포함해 로봇 과학자들은 대개 모리 마사히로森政弘의 '불쾌한 골짜기uncanny valley' 이론을 지지했다. 이 이론에 따르면, 사람들은 인간을 닮은 인공 창조물에 호의적으로 반응한다. 그런데 어느 지점까지만 긍정적으로 반응한다. 만약 그 창조물이 인간과 너무 흡사하면 사람들은 창조물이 인간처럼 행동할 거라고 기대한다. 그 기대에 미흡하면 사람들은 로봇과 상호작용을 하는 데 불편함을 느낄 것이다.

2002년에 신시아는 데이비드를 만나 자기 로봇에 실제적인 인간의 얼굴을 사용하지 않는 이유를 설명했다. 2005년까지 어느 로봇 연구자도 아주 진짜처럼 움직이는

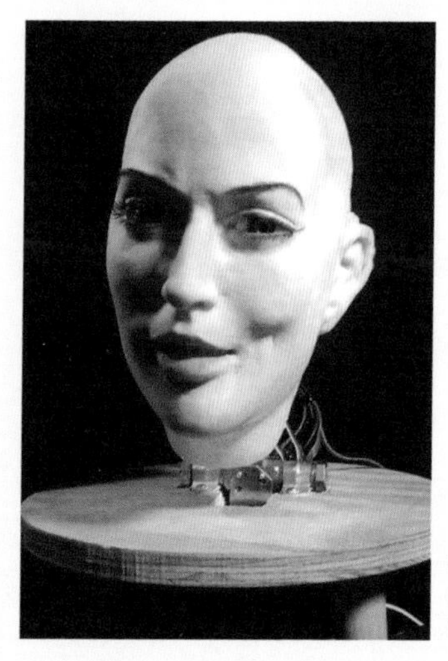

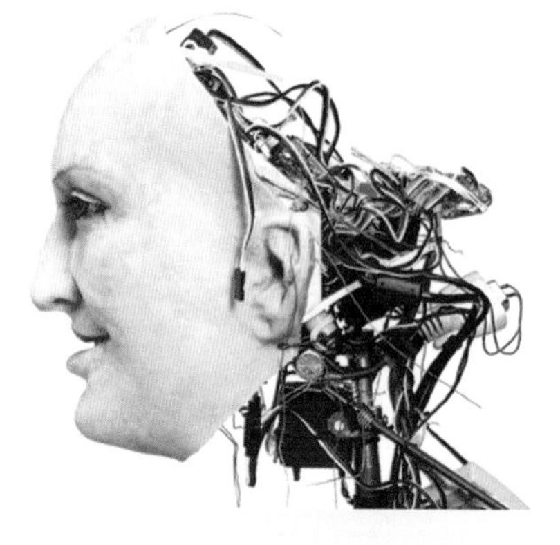

K-Bot의 앞면과 옆면. 24개의 인공 근육으로 28개의 얼굴 움직임을 만들 수 있다. 사람들을 식별하고 반응할 수 있도록 K-Bot의 눈 안에 카메라를 장착했다.

로봇 얼굴을 어떻게 만드는지 그 방법을 알지 못했다. 신시아는 다음과 같이 말했다. "내 연구의 초점은 로봇과 사회적인 상호작용을 하는 거예요. 내 로봇이 너무 징그럽게 보인다면 사람들은 로봇을 외면하고 그 로봇과 의사소통하거나 같이 있으려고 하지 않을 겁니다."

키스멧의 뇌 제작

키스멧의 외관이 대충 마무리될 즈음, 로봇을 움직이게 할 시간이 다가왔다. 그러나 키스멧의 센서와 작동기를 조립하고 소프트웨어를 만드는 것은 엄청난 도전이었다. 로봇이 실시간으로 정보를 수집하고 반응하려면 네트워크로 연결된 컴퓨터를 통해 다른 컴퓨터와 의사소통할 수 있는 '소형 뇌' 시스템이 필요했다.

처음부터 신시아는 모든 일을 혼자 하지는 못하리라고 생각했다. 실행 가능한 로봇을 만들기 위해 도움이 필요했다. 그녀는 스스로 할 수 있는 과제와 다른 사람의 도움이 필요한 과제를 구분했다.

다행히도 그 프로젝트에 쏟아붓는 신시아의 열정이 AI 연구소의 많은 대학원생들에게 영감을 불러일으켰다. 신시아의 열정은 전염되듯이 번져갔다. 그녀는 팀을 구성하는 능력도 뛰어났다. 키스멧 제작에 재능 있는 이들이 협력하도록 사람들을 끌어 모았다. 그녀는 여러 운동 팀에서 두루두루 활동했던 경험이 과학자 경력에 어떤 식으로 긍정적인 영향을 끼치는지 깨닫기 시작했다.

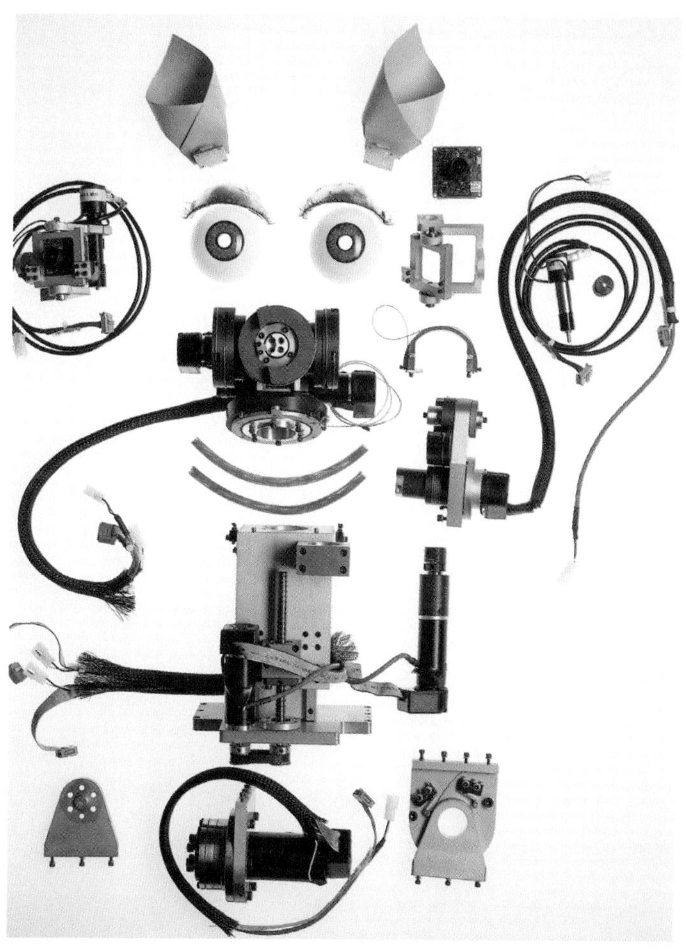

키스멧의 '해체' 콜라주는 신시아의 획기적인 연구를 다룬 책 『로보 사피엔스*Robo Sapiens*』에 나온다.

뒤죽박죽된 컴퓨터

한니발이나 코그의 시스템과 달리 하나의 컴퓨터로는 키스멧을 제어할 수 없었다. 대신 열다섯 대의 개별 컴퓨터가 복잡한 네트워크를 통해 서로 소통했다. 이 네트워크에 서로 다른 운영체제로 가동되는 컴퓨터를 연결해야 한다는 점이 상황을 더욱 어렵게 만들었다. 운영체제는 하드 드라이브의 파일을 정리하고 저장하며, 모든 소프트웨어를 작동하고, 키보드와 마우스 등의 주변장치를 통제하는 컴퓨터 프로그램이다. 키스멧을 준비하고 작동하는 데 열다섯 대의 컴퓨터가 필요했다.

컴퓨터 열다섯 대 중 아홉 대는 키스멧의 시각 시스템 작동에 필요했다. 아홉 대는 아기가 좋아하는 사물의 종류를 구분하도록 프로그램이 짜였다. 즉 밝은 색상(아기 장난감), 인간의 피부색을 가진 사물(사람), 가까이에 있는 물체의 움직임을 식별할 수 있다. 키스멧은 눈을 맞출 수 있고 깜빡일 수 있는 눈꺼풀을 가졌다. 키스멧은 어떤 사람에게 반응할 때 마치 사람처럼 눈썹을 치켜뜨고 시선을 돌리는 행동을 할 수 있었다.

키스멧의 청각 시스템 역시 복잡했다. 사람이 낼 수 있는 음의 높이와 소리의 강도를 마이크로 분석하도록 프로그램이 짜였다. 특정 단어를 분명하게 이해하지 못하더라도 키스멧은 칭찬과 꾸지람을 구분할 수 있었다. 키스멧에게 프로그램화된 반응 중 하나는 말하기였다. 키스멧의 합성된 목소리는 아기의 옹알이 같은 소리를 내도록 설계되었다. 실제로 대화하는 느낌을 내려고 뻘쭘한 침묵이 이어지면 옹알이를 했다.

키스멧의 욕구

부모라면 누구나 알고 있듯이, 아기는 도움이 필요하다. 배고프거나 목마를 때 아기는 운다. 무서움이나 외로움을 느낄 때도 운다. 기저귀가 축축해도 운다. 아기는 커가면서 돌보는 사람의 주의를 끄는 강력한 수단을 활용한다. "이리 와서 좀 도와줄래요?"

로봇은 먹지도, 마시지도 않는다. 안아주지 않아도 된다. 기저귀도 필요 없다. 그러면 신시아는 어떻게 했기에 키스멧을 도움이 필요한 아기처럼 행동하도록 만들었을까? 키스멧의 센서는 주변의 세부적인 시각과 청각 정보를 수집한다. 그런데 키스멧은 이 정보를 가지고 무엇을 해야 할까? 어떻게 반응해야 할까?

오랜 고민 끝에, 신시아는 주변 환경에 대처하는 키스멧의 반응이 프로그램화된 세 가지 욕구에서 비롯된다고 판단했다. 첫째, 사회적인 욕구 혹은 사람들에게 자극받은 욕구다. 둘째, 놀이 욕구 혹은 밝은 색깔의 장난감을 가지고 놀려는 욕구다. 셋째 피로 욕구, 즉 로봇이 자극을 너무 많이 받으면 휴식을 원하는 욕구다. 키스멧의 스위치가 켜지면 각각의 욕구는 중립 상태로 시작한다. 욕구 불만 상태가 오래될수록 그 욕구는 강해진다. 강해진 욕구는 로봇이 그 욕구를 해소할 어떤 것을 하도록 동기를 부여한다. 예를 들어 빈방에서 키스멧의 스위치가 켜졌다면, 키스멧은 그 상황에서 주위에 사람 또는 밝은 색깔의 장난감이 있나 목을 길게 빼서 왼쪽 오른쪽을 두리번거린다.

로봇에게 말 걸기

2000년 봄, 4년 동안 열심히 연구한 끝에 키스멧의 전체 기능이 가동되었다. 키스멧은 놀라울 정도로 지적이며 기술로도 뛰어났고, 실제로 작동했다! 신시아는 연구팀의 성취와 그동안 습득한 것들이 굉장히 자랑스러웠다. 박사 논문을 마무리하려면 사람들과 키스멧 사이에 오가는 상호작용을 평가할 필요가 있었다. 개발 과정은 끝났고 이제 키스멧은 완벽하게 작동했지만, 신시아에게는 조사해야 할 연구 과제가 많았다.

신시아는 다음과 같은 사항을 알아내고자 했다. 평범한 사람들은 키스멧에 어떻게 반응할까? 사람들은 살아 있는 듯한 로봇의 행동을 어떻게 생각할까? 사람들은 감정을 가진 로봇이라는

개구리 장난감을 키스멧의 눈앞에서 흔드는 신시아. 그런 행동은 로봇의 '놀이 욕구'를 만족시키는 데 도움이 된다.

아이디어를 혐오할까? 키스멧은 실제로 언어를 구사할 수 없는데, 사람들은 어떤 대화를 하려고 할까?

이런 질문에 답하기 위해 신시아는 연구 참여자를 많이 초대해 키스멧을 만나게 했다. 그녀는 로봇공학에 배경 지식이 없는 연구 참여자를 선정했다. 그녀는 각각의 연구 참여자가 키스멧에 객관적으로 반응하는지 확인하고 싶었다. 그녀는 방 안에 들어오는 사람들에게 마이크를 부착하고 키스멧 앞에 앉게 했다. 그리고 간단하게 한 마디만 지시했다. "로봇에게 말을 거세요."

신시아는 키스멧의 반응을 모두 녹화했다. 나중에 그 동영상을 분석하면서, 키스멧이 표현하는 사회적 신호를 사람들이 이해하는 것을 보고 굉장히 기뻤다. 어른들은 대체로 여러 가지의 표정을 충분히 사용했고, 엄마가 아기에게 말하듯이 과장된 억양으로 키스멧에게 말을 걸었다. 연구 참여자는 대부분 언제 말해야 하는지 알고 있었다. 어느 여성은 아주 부드럽게 약간 꾸짖는 듯한 말투로 물었다. "키스멧, 네 몸은 어디에 두었니?" 키스멧은 고개를 떨어뜨리는 반응을 보였다.

리치라는 이름의 연구 참여자는 키스멧과 거의 25분간 활발한 대화를 나누었다. 리치는 로봇에게 자기 시계를 보여주었다. 그 시계가 여자 친구로부터 받은 선물이며 하마터면 잃어버릴 뻔했다고 말했다. 키스멧은 더 가까이 보려고 머리를 리치의 손목 쪽으로 기울인 다음에 리치의 눈을 들여다보려고 고개를 들었다. 리치는 키스멧과 실제로 유대감을 쌓았다고 생각하며 그 방을 떠났다. 당연히 그는 키스멧이 로봇이라는 것을 알고 있었다. 신시아의 프로젝트는 대성공이었다.

키스멧의 행동에 많은 사람이 놀랐다. 언젠가 한 기자가 신시아와 MIT의 박사 후 과정 학생 앤 포스트Anne Foerst를 인터뷰하려고 AI 연구소를 찾았다. 앤은 로봇과 철학, 윤리의 관계를 연구하고 있었다. 신시아가 키스멧의 스위치를 켰을 때 아무 일도 일어나지 않았다. 신시아는 당황하며 시스템을 재부팅해야 한다고 생각했다. 농담 반 진담 반으로 앤은 자기 얼굴을 키스멧의 얼굴 가까이에 대며 말했다. "너 왜 이래? 이제 내가 싫어졌어?" 때

마침 키스멧이 움직이기 시작했고, 앤을 바라보며 부드럽게 옹알이하기 시작했다. 그 방에 있는 모든 사람이 웃었다. 앤은 솔직히 살아 있는 듯한 키스멧의 행동이 그렇게 부드러울 거라고는 예상하지 못했다.

분홍색 귀와 샴페인

2000년 5월 9일, 신시아는 키스멧을 다룬 연구 결과를 박사 논문 위원회의 MIT 교수들 앞에서 발표했다. 이것은 그녀가 박사 학위를 취득하기 위해 통과해야 할 마지막 관문이었다. 신시아는 책 한 권 분량의 박사 논문을 썼다. 제목은 '사교성 많은 기계: 인간과 로봇이 주고받는 의미심장한 사회적 교류Sociable Machines: Expressive Social Exchange Between Humans and Robots'였다. 그 논문에서 키스멧을 설계한 이유를 설명했다. 그녀는 녹화된 '키스멧과의 대화'를 분석한 결과도 발표했다. 이제 여러 교수 앞에서 그녀의 박사 논문을 발표해야 할 시간이 다가왔다.

먼저 신시아는 연구 내용을 공식적으로 발표했다. 그녀는 방안 가득 사람들로 붐비는 것을 보고 놀랐다. 분명히 신시아와 키스멧에게는 팬이 있었다. 그다음 그녀는 좀 더 작은 방에서 MIT 교수들과 만났다. 질문 공세에 대답하는 이 시간이 가장 힘든 부

신시아가 논문 발표를 끝내자 MIT에 키스멧 닮은꼴들이 깜짝 쇼를 벌이고 있다(위). 신시아의 자랑스러운 어머니(맨 오른쪽)가 분홍색 귀를 달고 합류하자, 로드니 브룩스가 무릎을 꿇으며 과장된 연기를 하고 있다.
MIT 대학에서 정식 박사 학위를 받는 신시아(아래). 중세로 돌아간 듯, 졸업식에 실제 후드를 자주 사용하고 있다. 오늘날의 후드는 망토에 가깝다.

분이었다. 교수들은 신시아가 연구 내용을 실제로 잘 알고 있는지 검증하려고 어려운 질문들을 쏟아냈다.

신시아는 아주 멋지게 박사 논문 시험을 통과했다. 그녀가 방에서 나왔을 때 동료들이 신시아를 축하해주려고 샴페인을 들고 기다렸다. 신시아는 모두가 키스멧의 분홍색 귀를 달고 있는 것을 보고 크게 웃었다.

기술, 예술과 만나다

졸업하고 얼마 안 돼 MIT 대학 출판부는 신시아와 계약을 맺어 키스멧 연구를 책으로 집필하게 했다. 신시아의 박사 학위 논문을 바탕으로 한 그 책은 2002년도에 출판되었다. 책 제목은 『사교성 많은 로봇 설계하기*Designing Sociable Robots*』였다. 서문에서 신시아는 그녀의 혁신적인 창작품에 대해서 다음과 같이 회고했다.

"키스멧은 사람들과 육체적인 수준, 사회적인 수준, 감정적인 수준으로 연결되어 있다. 키스멧의 전원을 껐을 때, 키스멧이 갑자기 무생물체가 되는 것은 키스멧과 함께 논 사람들에게 충격적인 일이었다. 이런 이유로 나는 키스멧을 단지 과학 또는 공학적 노력의 산물로만 보지 않는다. 그것은 예술적인 노력이기도 하다. 그것은 나의 걸작이다."

'세상에나, 드디어 톰 크루즈를 만났네.

그런데 꼭 괴물 같아.'

2001년 뉴욕 시에서 영화 〈A. I.〉의 개봉 행사에 참석한 화려한 신시아.

7장

MIT에서 영화계로

만 서른두 살 신시아의 인생은 순탄하게 흘러갔다. 춥고 눈 많은 산 위에서 스노보드를 타는 것처럼 그녀는 MIT 연구소에서 편안하게 연구하고 있었다. 박사 학위를 따야 하는 부담은 끝났다. 이제 박사 후 과정의 요구 조건을 충족시키기 위해서 힘을 쏟아야 했다. 그녀의 다음 계획은 대학이나 종합대학교에서 교수직을 얻는 것이었다. 그녀는 MIT를 포함해 여러 대학교에 지원했고 그 결과를 기다리고 있었다.

2001년 초반, 기회가 찾아왔다.

신시아는 브래드 볼Brad Ball이라는 사람의 전화를 받았다. 그는 영화 및 엔터테인먼트 회사인 워너브라더스Warner Bros.의 마케팅 부문 사장이었다. 그는 최근 〈타임Time〉에 실린 신시아의 연구

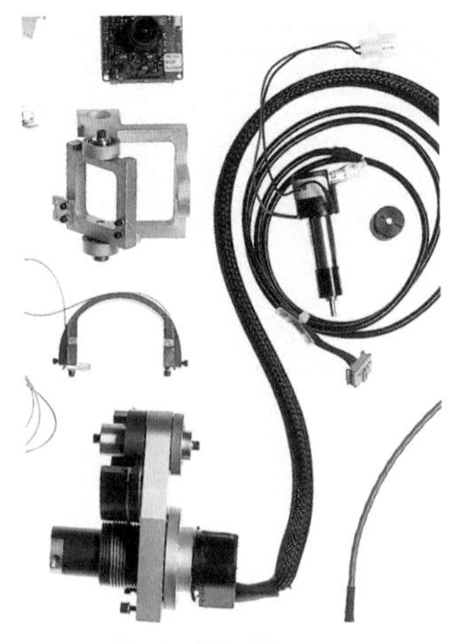

위쪽 사진은 키스멧의 내부.

관련 기사를 읽고, 신시아가 여름에 개봉될 영화의 컨설턴트로 일하는 데 흥미가 있는지 알아보려고 전화를 한 것이다. 그 영화가 스티븐 스필버그Steven Spielberg가 각본을 쓰고 감독도 맡은 〈에이 아이A.I.:Artificial Intelligence〉였다. 사실 이 영화는 스탠리 큐브릭이 구상한 아이디어였다. 큐브릭은 이 영화에 굉장히 열정적이었으나 건강이 좋지 않아 스토리 개발을 진척시키지 못했다. 그래서 그는 영화의 제작만 담당하고, 믿음직한 친구 스필버그에게 감독을 맡겼다.

브래드 볼의 말인즉, 이 영화는 많은 질문을 제기했다. 인간은 로봇을 사랑할 수 있을까? 로봇은 어떤 사회적 권리와 의무를 갖게 될까? 미래의 로봇은 어떤 식으로 우정을 쌓아갈까?

신시아는 여러 면에서 구미가 당겼다. 첫째, 스티븐 스필버그 영화에 참여하는 건 짜릿한 일이었다. 어릴 때 신시아와 오빠는 〈E.T.E.T.:The Extraterrestrial〉를 비롯해 스필버그가 감독한 고전 공상과학영화를 굉장히 좋아했다. 만약 누군가 열 살짜리 신시아에게 나중에 스티븐 스필버그 감독 영화의 홍보 담당 전문 컨설턴트로 일하게 될 거라고 말했다면 그녀는 믿지 않았을 것이다.

둘째, 신시아는 로봇 연구를 더 많은 대중과 공유할 기회가 생겨서 신이 났다. 과학자들은 아이디어 개발에 몇 년씩 공을 들이지만, 결국 잘 알려지지 않은 학술지에나 게재될 뿐이다. 영화사에서 MIT 자문 위원을 찾는다는 사실은 과학적 사실과 공상 과학 사이의 접점을 찾는 일을 진지하게 생각한다는 것을 뜻했다. 이것은 사람과 친하게 지내는 로봇을 제작하려는 과업을 대중에게 알릴 수 있는 환상적인 기회였다.

셋째, 워너브라더스가 신시아에게 지불하는 자문 비용이 엄청나게 많았다.

그냥 놔두기에는 너무 매력적인 조건이었다. 신시아는 브래드의 제안에 기꺼이 응했고, 해야 할 일이 무엇인지 물어보았다. 브래드는 영화 촬영은 이미 끝났으며 편집 단계에 있다고 설명했다. 신시아의 주된 임무는 그해 봄에 이 영화 관련 기사를 쓸 기자들에게 조언을 해주는 것이다. 기자들이 영화를 조사하고 기사를 쓸 때 궁금한 내용이 많을 테니까 말이다. 예컨대 인공지능이란 무엇인가? 오늘날 로봇이 할 수 있는 일은 무엇인가? 데이비드 같은 로봇이 50년 안에 존재할 가능성이 얼마나 되는가? 신시아야말로 이런 질문에 완벽히 대답해줄 만한 사람이었다.

할리우드, MIT에 오다

얼마 안 돼서 신시아는 브래드 볼과 〈A.I.〉 제작자 중의 한 명인 캐슬린 케네디Kathleen Kennedy를 만나러 로스앤젤레스로 갔다. 세 명은 금세 친해졌다. 신시아는 브래드와 캐슬린의 호기심과 열정에 깊은 감명을 받았다. 영화 제작자 역시 신시아의 느긋한 성격과 연구에 대한 열정에 탄복했다.

특히 캐슬린은 로봇 창조물을 설계하고 조종하는 게 얼마나 어려운 일인지 잘 알고 있었다. 그녀는 〈E.T.〉와 〈쥬라기 공원Jurassic Park〉에서 스필버그 감독과 같이 일을 했고, 〈피블의 모험An American Tail〉이나 〈리틀 인디언The Indian in the Cupboard〉처럼 가상의 창조물에 생명을 불어넣는 영화를 제작한 적이 있었다. 그러나 캐슬린의 영화에 등장하는 로봇 캐릭터는 모두 특수 효과 기술자가 조심스럽게 조종하는 기계인형에 불과했다. 신시아의 로봇은 일단 가동되면 인간의 도움 없이도 자율적으로 세상과 반응했다. 캐슬린은 신시아 팀이 할리우드 영화 예산의 혜택 없이 키스멧을 만들었다는 사실에 놀라워했다.

몇 시간 대화를 나눈 뒤, 캐슬린과 신시아는 여러 가지 면에서 같은 목표를 서로 다른 취지로 펼쳐 나가고 있다는 것을 알게 되었다. 캐슬린의 영화는 실물과 똑같은 캐릭터를 순전히 오락을 위해 만들었고, 신시아의 연구소는 같은 일을 과학 발전을 위해 연구했다.

브래드는 신시아에게 〈A.I.〉를 마케팅하는 데 중요한 난관이 있다고 말해주었다. 브래드와 캐슬린은 이 영화가 스티븐 스필버그 감독에, 헤일리 조엘 오스먼트 Haley Joel Osment와 주드 로 Jude Law처럼 유명 배우들이 출연하지만, 영화 제목 때문에 영화 팬들이 당황할까봐 걱정했다.

영화 〈A.I.〉에서 헤일리 조엘 오스먼트는 '진짜' 남자아이가 되고 싶어 하는, 굉장히 발전된 로봇 데이비드 역을 맡았다. 데이비드의 로봇 친구 곰돌이를 만들기 위해 특수효과 팀에서 기계인형을 만들었다.

기획회의 중 브래드는 이런 아이디어를 냈다. 대규모 제작 발표회를 MIT에서 열면 어떨까? 제작 발표회는 영화사에서 주관하는 홍보 이벤트로, 기자들이 새 영화의 배우나 제작진을 인터뷰할 기회를 갖는다. 만약 MIT에서 제작 발표회를 열면 기자들은 영화배우, 제작자뿐 아니라 실제 인공지능 과학자들까지 인터뷰할 수 있다. 신시아는 자기 친구 키스멧도 활용하라고 제안했다.

2001년 4월 30일, 수백 명의 기자들이 MIT 캠퍼스로 모여들었다. 기자들은 인공지능연구소를 방문해 영화 예고편을 보고, '영화 속의 인공지능, 실제의 인공지능, 미래의 인공지능'라는 제목이 붙은 패널 토론에 참석했다. 이 세미나에서 캐슬린은 기자들에게 MIT의 연구와 영화 사이의 유사성은 순전히 우연이라고 말했다. 스필버그 감독은 스탠리 큐브릭과 함께 시나리오와 스토리보드를 구상할 때 신시아가 키스멧을 제작 중이었다는 사실을 꿈에도 몰랐다.

배우 헤일리 조엘 오스먼트는 데이비드라는 캐릭터로 영화에 등장했다. 데이비드를 조금 더 로봇처럼 보이게 하려고 헤일리는 영화에서 눈을 깜박거리지 않게 했다. 그런데 아이러니하게도 신시아는 키스멧을 더 실제처럼 보이게 하려고 자연스럽게 눈을 깜박거리는 행동을 프로그램으로 짰다.

참석한 관중에게 신시아는 로봇을 만드는 이유를 열정적으로 설명했다. 그녀는 사람들이 성취 가능한 지식의 확장뿐 아니라, 기계를 바라보는 사람들의 생각에 이의를 제기했으면 좋겠다고 설명했다. 그녀는 기자에게 물었다. "창조물이 진짜 살아 있는 것처럼 보이게 하기 위해서 생물학적인 재료를 써야 할까요?" 키스멧의 경험을 근거로 그녀는 아닐 거라고 했다. 그녀는 키스멧은 분명히 기계이지만, 사람들은 키스멧과 다정하고 애정 어린 반응을 주고받는다고 주장했다.

신시아의 MIT 동료들도 발언했다. 지도 교수 브룩스는, 로봇이 인간처럼 행동하도록 프로그래밍되어왔듯이, 예를 들어 의수나 의족 같은 최근 의학 기술의 발달에 힘입어 인간에게 얼마나 많은 기계 부품이 제공됐는지 설명했다. 셰리 터클Sherry Turkle 교

스티븐 스필버그 감독이 〈A.I.〉 세트장에서 주드 로(오른쪽)와 헤일리 조엘 오스먼트에게 연기 지도를 하고 있다.

수는 장난감이 '살아 있다'고 믿는 아이들의 생각이 세월이 흐르면서 어떻게 변했는지 설명했다. 100년 전만 해도 아이들은 바퀴만 있어도 장난감 동물이 '살아 있다'고 믿었다. 하지만 오늘날에는 장난감 동물이 '살아 있다'고 믿게 하려면 반드시 컴퓨터로 작동시켜 고도의 상호작용이 이루어지게 해야 한다.

기자들이 인공지능 과학자들을 만나는 동안, 키스멧은 MIT 제작 발표회의 스타가 되었다. 영화 화면에서 가상의 로봇을 보는 것과 실제 로봇이 면전에서 얼굴을 쳐다보며 눈을 맞추는 것은 차원이 다른 일이다. 키스멧의 다양한 표정과 옹알이는 기자들을 매료시켰다. 대부분 살아 있는 생명체를 만난 것 같다고 말했다.

한 기자가 신시아에게 물었다. "언제쯤 인공지능이 우리 일상생활의 일부가 될까요?"

"여러 가지 면에서 이미 일부가 됐어요."라고 그녀는 답했다. "인터넷을 검색할 때마다, 또는 신용카드로 쇼핑할 때마다, DVD로 영화를 볼 때마다, 인공지능 연구에서 파생된 기술을 활용하고 있거든요."

스티븐 스필버그 감독

MIT의 제작 발표회가 열린 지 한 달 후에 브래드 볼은 신시아에게 전화를 걸었다. 스티븐 스필버그 감독이 그녀를 만나고 싶어 한다는 것이다. 스필버그 감독은 기자들의 질문에 답하기 위해서 인공지능의 현재 수준을 짧게 설명해달라고 부탁했다. 로스앤젤레스로 가는 비행기 안에서 신시아는 약속 장소가 어디일지 궁금했다. 아카데미상이나 영화에 나온 소도구로 가득한 그의 사무실일까? 아니면 근사한 할리우드 식당에서 점심을 먹으며 로봇공학 이야기를 나누려나?

사실, 스필버그 감독은 다음 작품 〈마이너리티 리포트Minority Report〉를 촬영하는 중이었고, 따라서 만남은 폭스 영화사에서 이루어졌다. 신시아는 세트장에 아침 9시에 도착했다. 조감독이 현재 장면의 촬영을 마치자마자 스필버그 감독이 신시아를 만나러 올 거라고 알려주었다. 그녀는 모니터를 통해 검은 옷을 입은 배우가 한 쌍의 주사위처럼 생긴 것을 쫓아 복도를 뛰어가는 것을 보았다. (신시아는 나중에 영화를 보고 나서야 실제로는 주인공이 자기 눈알을 따라가고 있었다는 것을 알았다!) 스필버그 감독이 같은 장면을 반복해서 찍을 동안 신시아는 인내심을 가지고 기다렸다.

신시아는 유명 감독이 세부적인 것에 예민하게 신경 쓰는 모습을 보고 놀랐다. 스필버그 감독을 기다리면서, 그녀는 감독이 장면을 약간씩 다르게 해서 매번 그 변화의 효과를 관찰하며 한 장면 한 장면 찍는 것을 보았다.

스필버그 감독은 신시아에게 미래에 사교적인 로봇은 어떤 것이 있을지 물어봤다. 이런 질문은 기자들에게 여러 번 받았기 때문에, 신시아는 아주 간명하게 대답했다. 스필버그 감독은 훌륭한 학생이었다. 얼마 지나지 않아 그는 기자들의 질문에 자신 있게 대답했다. 신시아와 나눈 대화에서 영감을 받은 스필버그는 훗날 기자들에게 미래에는 칫솔이 우리에게 말을 건넬지도 모른다고 말했다. 그는 칫솔이 "우리의 감정 상태를 알아차리고, 우리가 우울하다면 격려해줄지도 모르죠."라며 자기 생각을 피력했다.

멋진 장면을 촬영하던 배우가 촬영 도중 짬을 내 인사하러 왔다. 그는 얼굴이 거의 녹아내린 듯한 아주 괴상한 분장을 하고 있었다. '이 사람 도대체 누구야?' 몇 초 후에 이 질문은 스필버그 감독의 태연한 말로 해결되었다. "신시아 브리질, 톰 크루즈를 소개합니다."

녹아내린 얼굴을 가리키며 크루즈가 말했다. "보시다시피 스필버그는 나를 엄청 힘들게 해요."

신시아는 웃으면서 생각했다. '세상에나, 드디어 톰 크루즈를 만났네. 그런데 꼭 괴물 같아!'

레드 카펫 걷기

출장 막바지에, 신시아는 뉴욕 시에서 열린 〈A.I.〉 개봉 행사에 초대받았다. 그녀가 지그필드 극장 앞에 깔린 레드 카펫 위를 걷자, 카메라를 든 파파라치들과 사인을 받으려는 팬들이 헤일리 조엘 오스먼트, 주드 로, 그 밖의 다른 배우들에게 접근해왔다. 이런 멋진 장면은 결코 잊지 못할 순간이었다.

케임브리지로 돌아오니 신시아에게 굉장히 좋은 구직 뉴스가 기다리고 있었다. MIT 미디어연구소가 그녀에게 교수직을 제안한 것이다. 그녀는 MIT에 머무를 수 있었다. 그녀는 굉장히 기뻤다. 워너브라더스 업무 때문에 캘리포니아로 제트비행기를 타고 가는 게 아주 신나는 일이긴 했지만, 그녀는 로봇공학 연구에 매진하고 싶었다. 몇 주 동안 그녀는 강의 계획을 세우고, 연구팀에 참여할 학생을 찾고, 연구 논문을 쓰는 데 시간을 할애했다. 이제, 더 이상 로봇공학과 아무 관련이 없는, 빈번한 로스앤젤레스 출장을 끝내는 가장 어려운 부분만 남았다.

매스컴의 관심을 받는 것은 흥분되는 일이었지만, 신시아는 그런 관심으로부터 압도당하지 않았다.

여행을 마치고

MIT 캠퍼스로 돌아올 때까지만 해도

보비와 신시아의 관계가 친구 이상으로 발전하리라고는

누구도 상상하지 않았다.

2002년 5월, 신시아와 보비 블루모프는 캘리포니아 주 베벌리힐스에서 결혼식을 올렸다.

8장

성공 이야기

1990년대 초, 신시아와 보비 블루모프Bobby Blumofe라는 청년은 MIT에 다니는 대학원생이었다. 보비는 컴퓨터과학 연구소에서 박사 학위를 받기 위해 연구를 하고 있었고, 신시아는 인공지능연구소의 대학원생이었다. 두 연구소가 같은 건물에 있다 보니 가끔씩 서로 마주치기도 했지만 서로 누구인지 이름만 알고 있을 뿐 사실상 모르는 사이나 마찬가지였다.

그러던 중, 1994년 봄방학을 맞아 인공지능연구소 소속 친구 몇 명과 함께 신시아는 콜로라도 주에 있는 스팀보트 스프링스Steamboat Springs로 스키 여행을 떠났다. 함께 여행 가는 한 친구의 남자 친구인 보비도 여행에 합류했다. 함께 여행을 하면서 신시아와 보비는 서로를 좀 더 알아갔다. 두 사람은 서로 좋아하는 것들이 많이 일치했고, 특히 스키와 스노보드 타기를 무척 좋아한다는 것을 알게 되었다. 연구소 동료들과 함께 눈 덮인 산비탈을 신나게 타고 내려오며 즐거운 시간을 보냈다. 하지만 여행을 마치고 MIT 캠퍼스로 돌아올 때까지만 해도 보비와 신시아의 관계가 친구 이상으로 발전하리라고는 누구도 상상하지 않았다.

로봇을 조종하는 컴퓨터 프로그램과 달리 인생은 예측 불가능하다. 이후 6년 동안, 즉 2000년이 될 때까지, 신시아는 그녀의 역작인 키스멧의 겉모습을 만드느라 바쁜 나날을 보냈다. 어느 날 오스틴Austin에 위치한 텍사스 주립대학교 교수 스티브 케클러Steve Keckler로부터 전화가 걸려왔다. 최근 신시아가 키스멧을 성공적으로 만들었던 터라 여러 곳에서 그녀에게 관심을 보이고 있었다. 아니나 다를까, 신시아의 친구 케클러도 텍사스 주립대학교 컴퓨터과학과 교수직 자리가 생기자 신시아에게 지원해보라고 제안했다. 당시 텍사스 주립대학교에 교수직을 맡고 있는 MIT 출신들을 이야기하던 중 보비 블루모프 이름도 언급되었다. 시큰둥하게 듣던 신시아는 보비라는 이름을 듣자 생기가 돌았고, 보비에게 안부를 전해달라고 부탁했다. 그런데 알고 보니 보비는 잠시 휴직을 하고 매사추세츠 주 케임브리지에 있는 아카마이Akamai라는 인터넷 회사에 가 있다는 게 아닌가. 바로 신시아 집 근처였다.

서로를 찾다

옛 친구의 소식을 듣고 반가웠던 신시아는 보비에게 바로 이메일을 보냈다. "안녕, 보비. 나 신시아야."로 메시지는 시작됐다. "정말 오래전에 스팀보트 스프링스에서 함께 스키 여행을 했었는데 기억나니? 케임브리지로 돌아왔다는 소식을 듣고 정말 반가웠어. 우리 언제 한 번 만나야지."

보비도 정말 반갑다는 답장을 보내왔는데, 지금은 케임브리지에 없다고 전해왔다. 아카마이가 최근 캘리포니아 주의 샌디에이고에 있는 어느 인터넷 회사를 인수하게 되었는데, 두 회사의 합병 책임을 맡게 되었다는 것이다. 하지만 다음에 보스턴에 가게 되면 꼭 연락을 하겠다고 약속했다.

몇 달 후, 아카마이 본사에 회의 참석차 케임브리지에 오게 된 보비는, 무작정 신시아에게 점심 식사를 함께할 수 있는지 이메일을 보냈다. 보스턴의 유명한 해산물 레스토랑에 간 두 사람은 내내 웃음이 끊이지 않는 대화를 나누며 지난 시간들을 이야기했다. 키스멧의 성공으로 MIT 미디어연구소에서 교수직을 맡게 된 신시아는 자신만만했고, 그런 당당한 신시아의 모습이 보비에게는 눈부시게 보였다. 하지만 각자 대륙 양 끝에 살고 있으니, 서로 좀 더 알고 싶어도 자주 만나기는 어려울 거라고 생각했다.

적어도 당시에는 그랬다.

다시 함께

그런데 오래지 않아 바로 2001년 봄, 신시아는 캘리포니아 주에 있는 워너브라더스에 컨설팅을 해주기 위해 정기적으로 비행기를 타게 되었다. 로스앤젤레스로 빈번하게 출장을 가다 보니 보비도 자주 만날 수 있었다. 보비는 자동차로 두 시간이면 갈 수 있는 샌디에이고에 있었다. 이렇게 조금씩 그들의 관계는 꽃을 피우기 시작했다.

5월 말이 되었을 무렵, 보비는 샌디에이고에서 서핑이나 하자며 신시아를 초대했다. 운동을 매우 좋아하는 신시아였지만 서핑은 해본 적이 없었다. 샌타바버라에서 학창 시절에 배울 기회가 있었지만 초보자로서 당시 서핑을 잘하는 사람들의 세력 다툼에 휩싸이고 싶지 않았던 것이다.

콜로라도 주 스팀보트 스프링스에서 신시아가 스노보드를 타며 산비탈을 내려오다 잠시 쉬고 있다.

이번에는 보비와 함께 샌디에이고 해변에서 파도를 즐기며 행복한 시간을 보냈다. 서로 함께 하는 시간들이 좋았고 결국에는 로맨틱한 관계로 발전했다. 아쉽게도 7월이 되면 신시아는 MIT 미디어연구소에서 강의를 시작해야 했다. 두 사람의 관계가 유지되려면 누군가는 대륙 반대편으로 이사를 해야 할 것 같았다.

2001년 9월 11일, 신시아와 보비는 슬픈 소식을 듣게 된다. 아카마이의 공동 창립자이며 존경을 받는 리더 다니엘 르윈Daniel Lewin이 테러범들이 뉴욕에 있는 세계무역센터를 무너뜨렸던 비행기에 탑승해 있었던 것이다. 르윈의 죽음은 아카마이 회사에 충격이었다. 게다가 당시 경제 상황이 인터넷 회사에 불리한 여건이라 그 충격은 더 심했다. 비용 절감을 위해 아카마이는 샌디에이고 지사를 처분할 수밖에 없었고, 결국 보비는 케임브리지로 돌아왔다. 신시아와 보비는 이런 어려운 상황에 힘들어하긴 했어도, 같은 도시에 살게 되어 기뻤다.

업무로 복귀하다

신시아의 개인 생활뿐 아니라 직장 생활에서도 꽃이 피고 있었다. 조교수로 부임한 신시아는 MIT 미디어연구소에 로보틱 라이프 그룹Robotic Life Group을 만들었다. 이 그룹의 미션은 '사람들과 협력하면서 배우고 일하는 로봇을 만드는 것'이었다. 신시아는 키스멧처럼 사교적인 지능을 갖춘 로봇을 만들어 로봇이 그저 첨단 기술 도구일 뿐이라는 인식을 바꾸고 싶었다. 신시아에게는 로봇은 지적 호기심의 산물만이 아니었다. 신시아가 학생들과 함께 만든 로봇들이 언젠가 수많은 사람들의 일상생활에 쓰일 것이라는 꿈을 가지고 있었다.

예전에 조교로 수업을 진행해본 경험은 있지만, 학급 전체를 책임지고 가르치는 것은 처음이었다. 학생들이 장래에 훌륭한 일을 할 수 있도록 어떻게 동기를 부여할까?

첫 수업 시간에 학생들이 모였을 때, 영화나 TV에 나오는 로봇 중 제일 좋아하는 로봇에 대해서 이야기하자고 하면서 분위기를 잡아나갔다. 신시아는 〈스타워즈〉에 나오는 R2-D2와 C-3PO, 그리고 〈스타트렉: 넥스트 제너레이션Star Trek: The Next Generation〉에 나오는 안드로이드와 데이터를 좋아한다고 말했다. 학생들은 로봇공학 분야에 흥미를 갖게 해준 〈사일런트 러닝Silent Running〉, 〈블레이드 러너Blade Runner〉, 〈바이센테니얼 맨Bicentennial Man〉 같은 공상과학영화에 대해서 떠들어대기 시작했다. 신시아는 이렇게 로봇공학에 열정적인 새싹들을 만나서 고무되었다.

미디어연구소의 특징인 '무한정 자유로운' 연구 주제와 이에 알맞은 수업 분위기를 조성하려고 신시아는 대담하고 획기적인 첫 번째 프로젝트를 학생들에게 제시했다. 학생들에게 동기를 불어넣고 협력적인 분위기를 만들어 학생들의 재능을 맘껏 펼치게 하자는 것이 그녀의 목표였다. 신시아는 소수 정예의 MIT 과학자들을 위한 정교한 로봇이 아니라 일반 대중들을 위한 뭔가 새로

로보틱 라이프 그룹의 연구실에서는 로봇 설계에 관한 영감을 식물, 원시동물, 고등동물 또는 사람 등 어디에서든 찾는다. 신시아는 이렇게 말했다. "우리 연구실은 차세대 상호작용을 하는 로봇을 설계하기 위해 창의적인 혼돈이 지속되는 상태에 있습니다."

운 것을 만들어내고 싶어 했다.

무슨 생각으로 이런 제안을 했을까? 신시아는 영재들이 자신들을 자극시키는 도전에 직면했을 때 실력을 발휘한다는 것을 경험으로 알고 있었다. 학생들이 만든 것을 매스컴을 통해 수많은 사람들이 보게 될 거라는 점을 안다면, 그것이야말로 학생들에게 최고의 실력을 발휘할 만한 충분한 동기 부여가 되리라고 믿었다. 또한 대규모 프로젝트는 학생들뿐만 아니라 미디어연구소 다른 분야의 교수와 학생의 협력 작업도 자연스럽게 이끌어낼 거라고 생각했다.

시그라프 학술대회 참가

이러한 생각으로, 신시아는 컴퓨터 그래픽스 분야의 최고 학술 대회인 시그라프SIGGRAPH, Special Interest Group for GRAPHics 2002에 참가하기로 했다. 수만 명의 예술가, 프로그래머, 프로듀서, 전문가, 교수들이 찾는 이벤트이기 때문에 많은 기술 전문가들이 제자들의 작품을 볼 거라고 확신했다.

시그라프에 제출할 분야를 면밀히 조사했다. 일단 컴퓨터 아트와 애니메이션 부문인 '아트 갤러리'와 '컴퓨터 애니메이션 페스티벌'을 염두에 두었다. 하지만 로보틱 라이프 그룹에서 만드는 것은 대부분 3차원 결과물이라 적절하지 않다고 생각했다. 결국 사람과 기계의 관계를 연구한 사례들을 보여주는 신흥 기술 부문이 딱 적당해 보였다. 쉽지는 않겠지만 이곳에 채택될 만한 설득력 있는 뭔가를 학생들이 만들어낼 거라고 신시아는 확신했다. 로보틱 라이프 그룹의 일원이었던 댄 스틸Dan Stiehl은 당시를 떠올리며 이렇게 말했다. "대형 시연과 스트레스만큼 사람들을 하나로 묶어주는 것은 없죠."

신시아 그룹의 제안서가 시그라프 2002 행사에 선정되었다는 소식을 들었을 때는 프로젝트를 완성할 시간이 일 년도 채 남지 않았다. 이 짧은 기간에 그들의 창의성과 기술적 완성도를 보여줄 콘셉트를 정하고, 모든 것을 직접 제작하고 프로그램을 짜야 했다. 마침내 텍사스 주 샌안토니오에 있는 시그라프 개최 장소로 모든 것을 발송했다.

신시아 팀은 신나게 아이디어들을 브레인스토밍했다. 어떤 로봇이 재미있고 범상치 않고 살아 있는 외계인같이 보일까? 이런 기계 인종들은 어떤 환경에서 살아갈까? 어떤 재질이 로봇처럼 보이면서도 살아 있는 듯한 느낌을 전해줄까? 이런 질문들에 답을 찾아가면서, 신시아는 로봇을 설계할 때 '현존하는 동식물처럼 생기거나 움직이면 안 된다'는 단 한 가지 원칙만 세웠다. 학생들에게는 '재미있고 기발하게' 만들어야 한다고 강조했다. 로봇은 유일한 종족처럼 보이게 만들어져야 한다는 신시아의 믿음에 기반한 것이다.

아이디어 검토 과정 초반에 한 학생이 기름이 가득 찬 탱크에 발광체 찐득이glowing goo를 만들자고 제안했다. 말미잘 같은 로봇을 제안한 것이다. 말미잘은 화려한 색의 수중 동물로 겉으로는 전혀 해롭지 않은 바닷속 꽃처럼 보인다. 산호와 바위, 해저면에 달라붙어 독을 가진 촉수들을 이용해 작은 물고기와 벌레, 갑각류들을 잡아먹는다.

말미잘과 비슷하되 사람과 상호작용하도록 프로그램을 짜보자는 제안이었다. 시그라프에 참가한 사람들이 수족관 주변을 걸어갈 때, 로봇이 사람들의 움직임을 따라가고 유리를 사이에 두고 관람객들과 접촉할 수 있도록 만들자는 아이디어였다. 팀원들 모

조교 신시아는 학생들과 함께 신나는 테라리엄terrarium 기반 로봇 프로젝트를 진행했다.

두 이런 바다 로봇 생물 아이디어가 좋다고 생각했다. 하지만 용액이 가득 찬 수족관은 기술적으로 문제가 있었다. 시연 로봇은 고장 나기 십상인데, 이렇게 기름 속에 들어 있는 말미잘 로봇을 수리하기란 거의 불가능하기 때문이다.

말미잘의 개념을 살려, 여러 대안들을 시도해보았다. 수족관 대신 테라리엄terrarium은 어떨까? 테라리엄은 식물이나 도마뱀, 두꺼비, 거북 등을 넣어 기르는 유리 컨테이너를 말한다. 테라리엄의 개방된 면을 통해 사람들이 로봇들과 상호작용을 할 수 있을 것 같았다. 물속과 같은 분위기를 만들기 위해 폭포와 연못도 만들기로 했다.

이렇게 점점 더 야심 찬 포부가 세워지자, 당초 작은 커피 테이블 정도로 생각했던 크기가 가로 세로 각각 7피트(약 2미터)에 높이 10피트(약 3미터)까지 커졌다.

신시아도 상호작용하는 테라리엄 콘셉트가 괜찮았다. 특히 말미잘 같은 존재가 마음에 들었다. 사람들이 로봇을 떠올릴 때는 대개 팔과 다리가 두 개씩 있는 사람 모습을 한 기계를 상상하는데, 촉수로 이루어진 로봇을 만든다는 것이 매우 흥미로웠다.

미디어연구소는 와이즈너 빌딩에 있다. 건물은 1985년에 이오 밍 페이I. M. Pei라는 세계적인 건축가가 설계했다. 이 사진은 밤에 찍은 것이다.

학생들 모두 개별 연구 프로젝트를 진행하도록 지시했다. 이런 노력 덕분에 전체 프로젝트의 수준을 한층 더 심화시키는 아이디어가 속출했고, 새로운 개념들을 받아들이려고 부단히 애를 썼다. 예를 들어 박사 과정 학생 조시 스트리콘Josh Strickon은 '상호작용하는 쇼-컨트롤 시스템'을 개발하려고 했다. 조명, 음향 효과, 음악 등의 오락적 요소들을 자동으로 조절하는 시스템이다. 조명 변화라는 주요 요소를 살리기 위해, 팀원들은 테라리엄을 낮과 밤 이렇게 두 사이클로 운용하기로 했다.

이렇게 '밤'이라는 시기를 추가하니 두 가지 장점이 생겼다.

첫째, 야행성 로봇들을 포함시킬 수 있었다. 예컨대 빛을 내는 갯지렁이 같은 것들로 '잠을 자는' 말미잘처럼 보이게 할 수도 있다.

둘째, 만일 말미잘 로봇이 고장 나면, 밤에 표시 나지 않게 고치면 됐다.

한동안 이 말미잘 로봇을 그냥 수중 생물로 불렀는데, 존 맥빈John McBean 학생이 '퍼블릭 아네모네Public Anemone'라는 새로운 이름을 제안했고 모두들 그 이름을 좋아했다. 그 이름은 로봇의 생물학적인 뜻에다 많은 사람들이 그것을 보게 되리라는 의미가 합쳐진 것이다. 뿐만 아니라 '퍼블릭 에너미'라는 유명한 랩 그룹의 이름을 패러디한 것이기도 하다.

피와 땀 그리고 동력

신시아의 연구팀은 로봇과 테라리엄을 만드는 데 꼬박 8개월을 투자했다. 당시 열 명이 넘은 팀원들은 프로젝트의 부분 부분을 맡아서 진행했다. 예를 들어 한 학생이 로봇의 움직임을 만드느라 애쓰고 있을 때, 다른 학생은 신축성 있는 피부를 만들고 있었다. 몇 명이 폭포를 디자인할 때, 한편에서는 컴퓨터 스크린 앞에서 로봇의 움직임을 제어하는 소프트웨어를 열심히 개발하고 있었다.

팀원들은 3차원 컴퓨터 모델과 스케치를 통해 초기 모델을 개발했다. 아무도 만들지 않은 것을 만들어야 했기에, 필요한 재료를 어디서 구해야 할지도 몰랐다. 특수 효과 공급업체들이 많이 도와주었다.

말미잘 로봇의 금속 팔과 촉수를 설계하는 것만 해도 버거운 난제였다. 어떻게 해야 로봇의 움직임을 물 흐르듯 자연스럽게 만들 수 있을까? 이를 위해 로봇의 마디 구간 사이마다 서보 모터를 달아보았다. 서보 모터는 기계 동력을 사용하지 않고 전기로 모터의 위치를 바꾸어주는 장치였는데, 로봇의 움직임을 부드럽게 해주는 기능을 했다.

인공 피부 디자인 작업도 만만치 않았다. 영화 분장 기술을 고등학교 때부터 공부해온 학생 댄 스틸이 그 작업을 주도했다. 우선 점토로 피부 모형을 떠서 실리콘 고무를 거푸집에 채워서 만들었다. 건조될 때까지 기다렸다가 생동감 있는 밝은 색으로 도색했다.

테라리엄을 짓기 시작할 때는 좀 더 넓은 공간이 필요해 근처의 창고로 이동했다. 이곳에서 퍼블릭 아네모네의 모습이 드러나기 시작했다. 바위가 많은 거친 지형처럼 보이게 하려고 금속과 합판으로 틀을 짜고 육각형 구멍의 철조망을 감고 폴리우레탄 폼으로 덮었다. 폼이 단단해지면 바위처럼 보이게 조각을 했다.

폭포가 자연스럽게 연못으로 흐르도록 하는 작업에서 시행착오가 많았다. 처음에는 물이 거의 수직으로 떨어졌기에 물이 아

수작업으로 도색한 '퍼블릭 아네모네'의 인공 피부는 신축성이 뛰어난 실리콘 고무로 만들었다(왼쪽). 로봇 창조물은 생명체처럼 자연스러운 움직임을 갖도록 설계되었다(아래).

래로 흐르도록 모서리를 만들어야 했고, 상상과 실재의 경계를 흐리게 하려고 건조시킨 꽃과 그림으로 그린 꽃에 진짜 잔디를 추가했다.

겉으로 보기에 퍼블릭 아네모네는 키스멧과 전혀 달랐다. 하지만 둘 다 자율적인 로봇으로서 프로그래밍의 주요 특징들은 같았다. 두 로봇 모두 인공 '욕구'에 관련된 프로그램을 가지고 있다. 예를 들어 키스멧의 소프트웨어는 사회적 욕구가 낮을 때 사람들을 찾아 나서도록 프로그램되어 있듯이 퍼블릭 아네모네 역시 살아 있는 생명체라는 환상을 뒷받침하는 욕구로 프로그램이 짜였다. 이들은 주변 식물들에 물을 주고 스스로 멱을 감는, 주어진 임무를 완수하려는 욕구가 강하다. 이런 기본 과제를 성공적으로 수행했을 때, 소프트웨어는 주변 사람들과 소통하라고 지시한다. 만일 과제를 수행하지 못하면 로봇 스스로 자가 보호 대응을 하도록 프로그램되어 있다.

시각, 청각…… 그리고 후각!

봄이 지나고 여름이 되면서, 드디어 시그라프 학술대회에 출품할 프로젝트를 마무리해야 할 때가 되었다. 신시아 팀이 공들여 만든 정교한 작품을 케임브리지에서 샌안토니오까지 옮기는 것 자체가 큰일이었다. 학술대회 시작 2주 전, 모든 것들이 조심스럽게 포장되어 커다란 이삿짐 상자 세 개에 담겼고, 트럭 두 대로 운반되었다. 댄은 당시를 이렇게 회고했다. "창고에서 옮기는데, 가장 큰 상자를 엘리베이터에 실을 수 없었어요. 엘리베이터 문을 모두 떼어버렸죠." 팀원들은 마지막까지 하나라도 빠뜨릴세라 진짜 잔디 뭉치까지 모두 챙겨 넣었다.

텍사스 주에 이삿짐이 도착했을 때, 테라리엄을 다시 설치하는 작업은 지혜의 시험장과도 같았다. 마치 1000개의 퍼즐 조각을 맞추기라도 하는 듯했다. 단순히 바위산 같은 지형을 세우는 것에 더해, 로봇이 사람들과 상호작용을 가능하게 하려면 지나가는 사람들의 움직임을 따라가는 몰래 카메라 시각 센서들도 설치해야 했다.

텍사스 주 샌안토니오에서 개최된 학술대회에서 로보틱 라이프 그룹 맴버들이 학술대회에 출품한 퍼블릭 아네모네 앞에서 포즈를 취하고 있다.

폭포와 연못이 만들어지자, 학생들은 뜻하지 않은 새로운 것을 발견했다. 잔디가 촉촉해지니까 테라리엄은 늪지대에서 나는 냄새를 풍겼다. 후각까지 자극하는 환상 세계가 만들어진 것이다. 매력적인 이 세계를 유지하기 위해 신경 써야 할 부분은 더럽고 지저분해지지 않게 밤마다 이끼 낀 물을 갈아주는 일이었다.

학술대회장에서 신시아는 학생들을 격려하며 퍼블릭 아네모네를 좀 더 개선할 여지가 있는지 마지막까지 점검하게 했다. 로봇과의 상화작용을 강화하기 위해 미디어연구소의 박사 과정 학생 빌 톰린슨Bill Tomlinson이 재미있는 아이디어를 제안했다. 만일 누군가 아네모네에 너무 가까이 다가가거나 갑자기 모습을 나타내면 로봇이 방울뱀 소리를 내 물러나게 하자는 것이다. 모두들 기발한 제안으로 받아들였다. 마지막 남은 몇 시간 동안 프로그램을 개발해 추가했고, 결국 빌의 아이디어도 시연 과정에 포함되었다.

커다란 모험이 성공하다

퍼블릭 아네모네는 시그라프 2002에서 인기가 최고였다. 학술대회 회장은 자기 모친부터 여섯 살배기 어린 아들까지 즐거워했다며, 로봇이 다양한 관람객들의 관심을 끌어 모았다고 칭찬을 아끼지 않았다. 방문할 때마다 다른 경험을 할 수 있기 때문에, 많은 사람들이 테라리엄을 여러 번 찾아왔다. 신시아는 수백 가지 세부 과제를 처리해나가며 서로 협력하고 창의적인 생각을 유

밤이 되면 로봇 테라리엄 방문객들은 크리스털 드럼을 두드려 타악기 리듬 소리를 냈다. 드럼 소리는 빛과 함께 발산되어 테라리엄 벽면을 비추었다.

지한 학생들이 몹시 자랑스러웠다. 다른 교수들이 칭찬의 말을 건네면 신시아는 제자들에게 공을 돌렸다. 학생들의 창의성과 헌신 덕택에 퍼블릭 아네모네가 탄생한 것이라고 말이다.

또 다른 해피엔딩

2002년에는 어느 공동 벤처 회사가 신시아에게 커다란 기쁨을 가져다주었다. 보비 블루모프와 신시아는 만난 지 일주년을 기념해 그들에게 소중한 도시 샌디에이고로 여행을 떠났다. 함께 서핑도 하고 해변도 걷고 좋아하는 레스토랑에도 들렀다.

그런데 보비가 신시아에게 반지를 건네며 청혼을 했다. 신시아는 서로의 튼실한 관계를 생각해 주저 없이 '예스'라고 대답했다.

2003년 7월 오후, 신시아와 보비는 캘리포니아 베벌리힐스Beverly Hills에서 결혼식을 올렸다. 두 사람은 결혼식을 마치고 타히티, 보라보라 그리고 후아히네의 폴리네시아 섬으로 신혼여행을 떠났다. 쉬면서 스쿠버다이빙과 서핑을 할 수 있는 최적의 장소였다. 그리고

2003년 백악관에 초대받은 신시아와 보비. 신시아는 내셔널 디자인 어워드 수상자였다. (내셔널 디자인 어워드는 미국 국내에서 교육적으로 탁월하고 혁신적이며 영속성이 있는 업적을 기리고자 2000년부터 창립되었고 다양한 분야에서 시상하고 있다. –옮긴이 주)

2004년 3월 12일, 신시아 생애에서 최고의 작품이 탄생했다. 그날은 바로 아들 라이언이 태어난 날이다.

신시아는 4개월 된 아들 라이언과 함께 이탈리아의 토스카나에 있는 산 지미냐노에 다녀왔다. 인간과 로봇의 상호작용을 주제로 하계 강좌에서 강의를 하기 위해서였다.

임신했을 때 신시아는 엄마 역할을 준비한다고 책을 많이 읽었다. 우는 아기를 달래는 법, 트림을 나오게 하는 법 등등. 하지만 라이언이 태어났을 때 신시아와 보비는 아직도 배울 게 많다는 것을 새삼 느꼈고, 그들을 도와줄 '야간 근무 간호사'를 몇 주 동안 고용하여 도움을 받기도 했다.

몇 달이 지나면서 신시아는 자신이 엄마 역할과 MIT 교수 역할 사이에서 곡예를 하고 있다는 걸 깨달았다. 스트레스가 정말 많았던 어느 날, 아기의 웃음소리가 모든 걸 제자리에 가져다주었다. 바로 라이언이 처음 웃었던 날이다. 신시아는 그날을 생각하며 이렇게 말했다. "그냥 마법 같았어요. 아기가 순수한 행복 그 자체였거든요."

신시아와 스탠 윈스턴은

과학과 엔터테인먼트라는 다른 분야 출신이지만,

서로의 재능을 함께 모을 수 있지 않을까?

신시아와 특수효과 전문가 스탠 윈스턴이 그들이 만든 '이상하고 아름다운 자식'과 함께 포즈를 잡았다.

9장

다른 세상과의 만남

교수와 학생이 실질적으로 한 개의 프로젝트만 여유롭게 진행한다는 것은 극히 드문 일이다. 2001년 가을, 신시아의 학생들이 시그라프에서 선보일 퍼블릭 아네모네 시연 준비를 하고 있을 때, 또 다른 사교적인 로봇 프로젝트도 진행되고 있었다.

신시아는 키스멧의 기술 수준을 다음 단계로 올릴 로봇 제작을 꿈꾸고 있었다. 살아 있는 생명체처럼 움직이고 그럴듯한 모습을 가진 후속 기계를 만들려면 무엇보다도 진짜 같은 얼굴 표정이 필요했다. 센서, 모터, 소프트웨어 모두 좀 더 정교해져야 했다. 그리고 사람들과 개인적으로 상호작용하려면 얼굴을 인식하고 특정 상호작용을 기억할 수 있어야 했다.

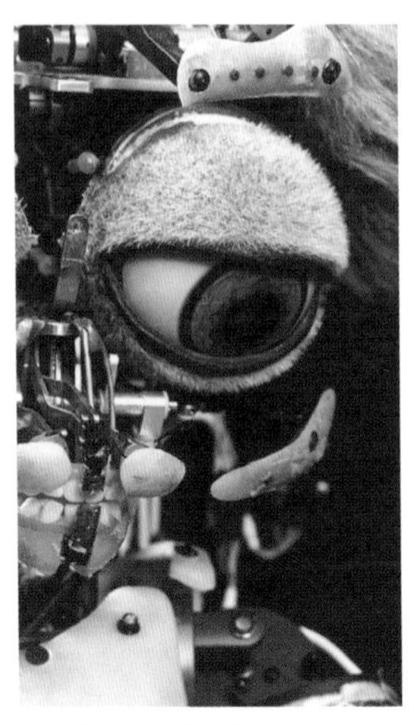
레오나르도의 눈 클로즈업.

간단히 말해, 사교적인 지능을 갖추려면, 로봇이 좀 더 생동감 있어야 했다.

이런 목표를 달성하려면 현재의 빠듯한 예산으로는 불가능했다. 키스멧의 재료만 해도 거의 2만 5000달러였다. 인건비는 책정도 하지 않았다. 로봇 제작에는 대개 인건비가 가장 많은 비중을 차지하는데도 말이다. 인건비까지 합치면 10만 달러 이상이 필요하다. 신시아가 염두에 두는 사실적인 로봇을 만들려면 적어도 100만 달러 이상이 필요했다. 이 비용을 어디서 충당할 수 있을까?

미디어연구소의 재정은 주로 정부 예산과 기업 후원금으로 충당한다. 하지만 연구자들끼리 경쟁이 심하기 때문에 재정 확보가 쉬운 일이 아니다. 제안서를 제출하는 모든 연구가 지원을 받는 것도 아니다. 아무리 재정이 튼튼하다 해도, 신시아 팀은 사실적으로 보이는 로봇을 만들 기술적인 노하우를 터득한 상태도 아니었다. 키스멧은 귀엽고 매력적이었지만, 똑똑한 만큼 아름답지는 않았다. 이 부분을 도와줄 전문가들을 어디에서 찾아야 할까?

혹시 할리우드로 돌아가면 답을 찾을 수 있지 않을까? 2001년 영화 〈A.I.〉를 관람할 때 영화 속 로봇 캐릭터들이 인상적이었다. 어떤 것은 기계가 아니라 배우가 분장을 한 것이었고, 또 어떤 것들은 컴퓨터로 만들어낸 화면상의 이미지에 불과했다. 하지만 영화 속 주인공의 곰 인형 테디처럼 몇 개는 실제 기계로 만들었다. 테디의 얼굴 표정은 기가 막히게 생생했다. 그 움직임은 원격조종장치로 제어되었다. 예를 들어 인형을 조종하는 사람이 한쪽 팔을 들면, 테디도 같은 모습으로 팔을 움직였다.

〈A.I.〉에 등장하는 로봇을 제작한 스탠 윈스턴 스튜디오Stan Winston Studio는 테디를 살아 숨 쉬는 인형으로 만드는 데 성공했다. 비록 신시아와 스탠 윈스턴은 과학과 엔터테인먼트라는 다른 분야 출신이지만, 서로의 재능을 함께 모을 수 있지 않을까?

신시아는 〈A.I.〉의 촬영이 끝난 이후에 영화에 관여했기 때문에 사실상 스탠 윈스턴과 그의 팀을 만나보지는 못했고, 스탠의 명성만 알고 있었다. 스탠은 할리우드에서 손꼽히는 특수 효과 전문가로, 〈에일리언Aliens〉, 〈터미네이터Terminator〉, 〈쥬라기 공원〉 등 아카데미상을 몇 차례나 받은 사람이라 갑자기 전화를 거는 것은 무례일 거라고 생각했다. 신시아는 〈A.I.〉 프로듀서 캐슬린 케네디에게 스탠과 만나게 해달라고 부탁했고, 캐슬린은 흔쾌히 도움을 주었다.

스탠의 스튜디오

스탠 윈스턴 스튜디오SWS는 샌 페르난도 밸리의 3만 5000제곱피트(약 3251제곱미터) 규모의 건물에 자리를 잡고 있다. 2001년 여름에 신시아가 SWS를 처음 방문했을 당시 스탠은 출장 중이었지만 테디의 모습을 디자인한 특수 효과 담당 린지 맥고웬Lindsay MacGowen을 만나도록 주선해놓았다.

린지는 신시아에게 스튜디오를 구경시켜주면서 〈A.I.〉를 위해 제작했던 테디 여러 개를 보여주었다. 어떤 테디는 실제 배우들과 함께 클로즈업으로 찍을 때 사용했고, 스턴트를 담당한 테디도 따로 있었다. 반쪽짜리 테디도 있었고, 헤일리 조엘 오스먼트가 들고 다녔던 테디의 무게는 30파운드가 넘었다. 몸을 둥글게 말 수도 있고, 코와 귀를 움직이고, 물체를 쥘 수 있게 만들었다. 쉰 개의 서보 모터가 몸에 있는데 그중 반 이상이 머리에 들어 있다고 린지가 설명했다. '아, 그래서 테디의 표정이 그렇게 자연스러웠구나.' 하고 신시아는 생각했다. 신시아는 SWS가 창조한 것들에 놀라지 않을 수 없었다.

린지 역시 신시아의 재능이 꽤 인상적이라고 생각했다. 신시아와 린지는 서로 공상과학소설과 영화를 좋아한다는 것에 공감했다. 신시아는 앞으로 키스멧처럼 사교성이 많은 로봇을 만들고 싶은데 이번에는 좀 더 살아 움직이는 로봇을 만들고 싶다는 의

지를 내비치면서 SWS의 동참 가능성을 타진했다. 린지도 흥미로워하며 스탠과 만나 논의를 좀 더 해보자고 했다.

몇 주 후에 신시아는 SWS에 다시 갔다. 그녀는 스탠 윈스턴에게 "실제의 테디를 만들고 싶지 않나요?"라고 물었다. 만일 SWS가 그런 로봇의 설계와 제작비를 감당한다면, MIT에서는 로봇이 보고, 듣고, 말하는 기능은 물론 촉감 기능까지 포함된 센서와 소프트웨어를 제공하겠다고 제안했다. 다시 말해, SWS가 투자를 하면, 그 대가로 MIT는 아직 공개되지 않은 최첨단 인공지능 기술을 공유하겠다는 의미였다. 신시아의 일에 대한 열정에 감탄한 스탠은 곧바로 제안을 수락했다.

몇 달 후, 신시아는 학생들과 함께 SWS로 갔다. SWS의 기술자 리처드 랜던Richard Landon은 당시 상황을 이렇게 말했다. "이틀 동안 서로의 지식을 공유했죠. '당신이 무엇을 하는지 말해주면 우리가 무엇을 하는지 말하고, 공통으로 시작할 중간 지점을 찾읍시다.'라는 느낌으로요."

두 팀은 '설치 예술' 같은 아이디어부터 시작했다. 간단해 보이지만 실제로는 고난도 기술이 필요한 뭔가를 찾으려고 브레인스토밍을 계속했다. 〈A.I.〉에 나오는 애니매트로닉 테디를 키스멧과 같은 자율적 로봇으로 만드는 방법도 고려했지만 기술적인 이유로 바로 폐기했다. 테디에 사용된 전기 시스템 종류는 신시아가 MIT에서 인공지능 전문가들과 함께 사용했던 시스템과 영

레오나르도는 현존하는 로봇 중 가장 표현력이 좋은 로봇이다. 총 61개의 자유도 중 32개가 얼굴 안에 있다.

딴판이었기 때문이다. 즉 테디의 기어, 모터, 전선 등 모두가 키스멧에 사용했던 것과 달랐다.

그렇다면 아예 새로운 로봇 캐릭터를 만들자고 누군가 제안했다. 그러자 여러 가능성들을 따져본 후 공동 개발 아이디어가 만들어지기 시작했다. SWS 팀은 늘 그래왔듯이 새로운 캐릭터 디자인부터 착수했다. 일단 스케치로 시작한 캐릭터가 스탠의 승인을 받고 나면 3차원 모형으로 만들어졌다.

3차원 모형도 승인이 나면, 이것을 가지고 애니매트로닉(무선 리모컨으로 작동하는) 캐릭터를 만들었다. 스탠의 인형 조종사는 원격조종장치를 이용해 그 캐릭터의 움직임을 조종했다. 이번에는 애니매트로닉 단계에 이르렀을 때 SWS의 전자 시스템뿐만 아니라 MIT의 시스템도 함께 장착했다. 이렇게 함으로써 SWS 팀은 로봇의 기능들을 검증하고 시연하고, 신시아 팀은 MIT 로봇 기술을 이용한 센서와 프로그램을 장착하면서 불필요한 부품들을 제거해갔다.

이틀 동안 진행된 작업을 마치고, 두 팀 모두 공동 작업에 매우

털 코트를 벗은 레오나르도(왼쪽)와 이름이 같은 레오나르도 다빈치(아래). 수백 년 전, 천재 화가이기도 한 다빈치는 스스로 움직이는 기계인 오토마톤을 사람의 형태로 디자인한 인물로도 알려져 있다.

만족했다. 예전에 리처드 랜던이 과학자들과 함께했던 작업 중 이렇게 효율적인 결과를 낸 적은 없었던 모양이다. 그 당시의 과학자들은 공동 연구로 얻을 수 있는 것보다 자신의 연구 결과를 보호하는 데 더 많은 관심을 기울였다. 하지만 신시아는 달랐다. 그녀는 솔직하고 개방적인 태도로 다른 사람들의 아이디어를 열심히 경청했다. 리처드는 이렇게 말했다. "사람들을 속여 정보를 빼앗으려는 짓거리를 하지 않을 때, 더 많은 것들이 열리고, 함께 일하고 싶고, 창의력은 더 커지기 마련이죠."

신시아의 조언

신시아 팀이 새 로봇을 설계하기에 앞서, 신시아는 본인의 경험에 비추어 몇 가지 지침을 제시했다.

첫째, 로봇의 얼굴을 사람처럼 만들지 마라. 1980년대 일본의 로봇 연구자 모리 마사히로의 연구 결과에 따르면, 사람과 비슷할수록 사람들이 관심을 갖지만, '불쾌한 골짜기'(인간과 비슷해 보이는 로봇을 보면 생기는 불안감, 혐오감, 및 두려움)라는 한계가 있다는 것을 발견했다. 다행스럽게도 첫 번째 지침은 신비로운 캐릭터를 추구하는 스탠의 팀에게는 전혀 문제가 되지 않았다.

둘째, 로봇이 실존하는 동물을 닮지 않도록 하라. 강아지, 고양이는 이미 너무 흔해서 이들과 같은 로봇을 만들 필요는 없다고 주장했다. 하지만 동물들의 어떤 특정 부분을 따오는 것은 괜찮다며 '그 캐릭터에만 있는 고유한 실재를 부여'하자고 조언했다.

셋째, 신시아는 캐릭터가 어린애 같았으면 좋겠다고 요구했다. 아직 인공지능 기술 자체가 성숙되지 않았기 때문에 어른 같은 로봇의 기능을 구현하는 것보다 아직 어린 로봇을 구현하는 것이 좀 더 현명한 선택이라는 것이다. 다시 말해, 지능과 신체를 같은 수준으로 만드는 게 중요했다.

사랑스러운 레오나르도

2002년 5월, SWS 팀은 그들의 역작을 선보이려 MIT를 방문했다. 신시아는 보자마자 매료되었다. 새 창조물은 귀엽고 안아주고 싶은, 털이 복슬복슬하고, 키가 2.5피트 정도이며 큼지막한 갈색 눈으로 세상을 바라보고 있었다. 부스스한 귀는 팔 길이와 비슷했고, 1984년에 흥행했던 조 단테 감독의 영화 〈그렘린〉에 나오는 캐릭터와 닮았다.

스탠 윈스턴은 새 창조물의 이름을 르네상스 시대를 대표하는 과학자이자 화가이며 발명가인 레오나르도 다빈치의 이름을 따서 '레오나르도'로 지었다고 말했다. 신시아는 너무나 잘 어울리는 완벽한 이름이라고 생각했다. 다빈치가 자신의 영웅이라는 것을 이 사람들이 어떻게 알았을까, 신기해하며 기뻐했다.

레오나르도는 머리와 배가 큼직했다. 신시아 팀이 그 안에 카메라, 마이크 등의 장치들을 넣을 수 있도록 하기 위해서였다. 부드러운 털옷을 벗길 수 있게 만들어, 그 속에 작업이 가능하도록 했다. 진짜 같은 털은 실제로 야크와 염소의 털을 가지고 한 땀 한 땀 정성 들여 만들었다.

SWS 인형 조종사가 레오나르도를 움직이자 환상적 그 자체였다. 예순 개 이상의 방향으로 움직임을 조정하는 자유도는 살아있는 생명체 같은 움직임을 만들어냈다. '레오'라는 애칭으로 불

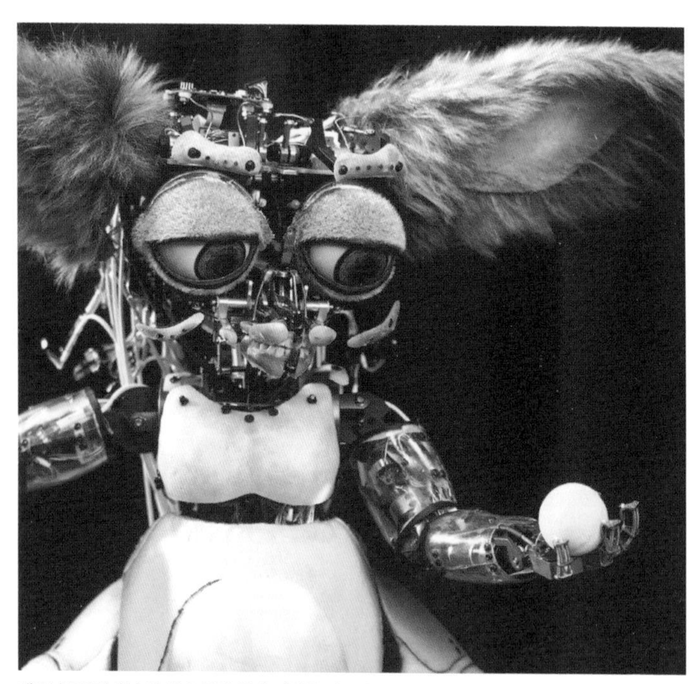

레오나르도가 왼손에 쥔 노란색 공에 시선을 집중하고 있다. 미디어연구소에서는 로봇의 인공 피부 속에 장착한 촉감 시스템을 통해 레오나르도가 사람과의 접촉에 반응할 수 있도록 개발하고 있다.

리기 시작한 레오나르도는 SWS 팀이 〈쥬라기 공원〉을 위해 제작했던 애니매트로닉 공룡보다 더 정교하게 만들어졌다. 레오를 구성하는 모터의 반 이상이 레오의 머리에 들어 있기에 눈동자가 모든 방향으로 움직일 수 있고 귀도 반대 방향으로 접는 게 가능했다. 로봇은 활짝 웃고, 찡그리고, 노려보고, 히죽거리기도 했다.

하지만 레오가 완벽한 인형은 아니었다. 매우 정교한 기계지만 어차피 그냥 기계였다. 오작동하기도 하고 고장 나기도 하는 기계. 레오를 조립하는 동안 잘못될 때가 종종 있었는데 SWS 팀은 이를 '와가와가'라고 불렀다.

2002년 여름, SWS 팀은 레오를 MIT 미디어연구소에 넘겨주었다. 신시아 팀은 애니매트로닉 인형인 레오를 자율적 로봇으로 점점 바꾸어나갔다. 각종 센서들을 몸속에 집어넣어 레오가 스스로 보고 듣고 주변 세상을 만질 수 있도록 만들었다. 소프트웨어로 자극에 적절하게 대응하는 움직임, 몸짓, 표현이 가능하도록 프로그램을 짰다. 이를테면 레오의 눈은 방 안을 스캔하고 사람을 찾을 수 있게 프로그래밍되었다. 로봇의 시점으로 움직이는 대상이 두 눈과 얼굴이 있는지 찾도록 만든 것이다.

신시아 팀은 레오가 보고 듣고 만지는 능력 외에도, 몇 가지 실용적인 수정이 가능하게 만들었다. 윙윙거리는 기계 소음이 영화에서는 다른 소리로 대체되기 때문에 큰 문제가 아니지만, 대면하고 있을 때 이런 소음이 나면 레오가 기계라는 생각을 떨치기

어렵기 때문이다. 가능한 한 기어와 모터에서 발생되는 소음을 줄이려고 신시아는 SWS 팀에게 모터를 최고급 사양으로 설치해 달라고 요청했다.

신시아 팀은 이번에 새로 시도한 프로그램으로 레오의 특정 상호작용을 기억할 수 있게 했다. 누군가 레오에게 다가와 친절히 대하면, 레오의 컴퓨터 기억 장치가 대화 내용을 저장했다가 그 사람이 다시 왔을 때 레오가 미소 지으며 친구처럼 행동하도록 했다. 반면에 레오와 첫 대면에서 위협적으로 대했다면, 다음번에 그 사람을 만났을 때 방어적인 행동을 하도록 만든 것이다.

또한 신시아 팀은 레오에게 좀 더 정교한 촉감을 부여하려고 노력했다. 궁극적으로는 로봇이 물체를 손으로 집었을 때 물체의 모양과 밀도를 감지하게 될 것이다.

살아 있는 레오나르도

SWS 팀이 MIT를 다시 방문하여 움직이는 레오나르도를 처음 봤을 때 자신의 눈을 믿을 수가 없었다. 아니, 정확히 말해 로봇의 눈을 믿을 수 없었다. 움직임을 좀 더 보완해야 했지만, 스탠 윈스턴, 리차드 랜던 그리고 린지 맥고웬을 모두 놀라게 한 것은 레오나드로가 눈을 맞추고 시선을 유지하는 능력이었다.

2002년 10월, 배우 앨런 알다Alan Alda가 진행하는 TV 시리즈 〈사이언티픽 아메리칸 프런티어즈Scientific American Frontiers〉는 레오나드로를 대중에게 소개했다. 앨런은 레오나르도의 인상적인 능력을 보고 신시아와 스탠 그리고 이를 가능하게 한 그들의 창의적인 공동 작업을 축하해주었다. 활기차게 이야기를 주고받으며 레오나르도의 최종 목표를 언급한 후에, 스탠이 "이 모든 명예는 제가 받도록 하죠."라고 농담을 하자, 신시아는 "오, 그럴 순 없어요."라며 단호히 대응해 모두에게 웃음을 선사했다.

단순 속임수?

하지만 모든 사람들이 매료된 것은 아니었다. 1959년 MIT에서 최초로 인공지능연구소를 설립한 컴퓨터과학 분야의 선구자 마빈 민스키Marvin Minsky는 다음과 같이 말했다. "저는 레오나르도를 인정하지 않습니다. 단순한 속임수일 뿐이지 레오나르도가 실제로 감정을 가지고 있는 것은 아니죠. 그럴듯하게 만들어 사람들이 그렇게 생각하도록 만든 거예요. 신시아는 훌륭한 공학자입니다. 하지만 그녀의 연구는 감정이 어떻게 작동하는지 설명해주지는 못합니다."

신시아는 마빈의 비평에 놀라지 않았다. 사실 마빈은 원래 인공지능 과학자들을 심란하게 만들기로 유명했기 때문이다. "인공지능 연구는 1970년대 이후로 죽었습니다."라고 말한 적도 있었다. 신시아는 진실한 과학에는 언제나 의문과 논쟁이 따른다고 생각했다.

그럼에도 불구하고 신시아는 자기 연구의 핵심을 마빈이 간과하고 있다고 생각했다. 그녀 입장에서는 레오나르도의 사회성과 '감정'은 인간과 로봇의 관계가 발전할 수 있도록 해준다. 예나 지금이나 변함없는 신시아의 목표는 사람의 파트너로서 서로 협력하는 로봇을 만드는 것이다. 로봇에게 감정 지능을 넣어줌으로써 이런 기계들이 인간과 좀 더 효과적으로 그리고 품위 있게 소통할 수 있으리라고 신시아는 믿고 있다.

레오나르도의 영향

신시아 팀은 꾸준히 레오나르도의 능력을 개선하고 증진시켜 나갔다. 사람들과 소통하는 로봇의 능력이 정교해질수록, 미디어 연구소의 과학자들에게도 공동 연구를 하고 싶은 열의가 생겨날 것이다. 레오나르도에 투자한 금액을 만회하려고 스탠 윈스턴은 레오나르도를 영화에 활용할 방법도 모색했다.

무엇보다 분명한 사실은 신시아와 스탠이 자기 일에 대단한 자부심을 가지고 있다는 점이다. 언젠가 스탠은 열정적으로 다음과 같이 이야기하기도 했다. "레오나르도가 존재한다는 사실 하나만으로도 많은 사람들에게 영향을 줄 겁니다. 레오나르도는 공상과학에 나오는 인물이 아니라 과학의 현실이기 때문이죠. 낯설고 경이로운 우리 자식입니다."

신시아는 아이들이 설계한

단순 로봇 '키핏'의 사진을 보고 미소 지었다.

과학 새싹들인 케이티 엘링저(맨 왼쪽)와 클레어 벨레스(케이티 옆)가
자신들의 영웅 신시아를 만나 직접 만든 감정 로봇 키핏에 대해 이야기하고 있다.

10장

로봇들이 밀려온다

신시아가 출산휴가 중이던 2004년 4월, 버넌 엘링저Vernon Ellinger라는 사람으로부터 뜻밖의 이메일을 받았다. 그 사람의 열 살짜리 딸 케이티와 친구 클레어 벨레스가 신시아가 만든 로봇의 열성 팬이라고 했다. '아이들이 어떻게 나에 대해서 알고 있을까?' 신시아는 궁금했다. 이메일 내용에 따르면, 케이티와 클레어가 초등학교 과학 잔치 때 키스멧에 대해 조사하고 발표를 했으며, 감정을 표현할 수 있는 로봇을 직접 만들어 '키핏Kippit'이라고 이름 지었다고 한다.

매사추세츠 주 근처에 살고 있지만, 마침 방학이라서 아이들을 케임브리지로 데려갈까 하는데 만나줄 수 있는지 문의해온 것이다. '오 멋지네!'라고 생각한 신시아는 "그럼요!"라고 답신을

신시아가 아이들이 만든 포스터에 사인을 해주고 있다.

보냈다.

며칠 후, 신시아는 라이언을 데리고 하버드 스퀘어에 있는 어느 카페로 케이티와 클레어를 만나러 갔다. 아이들은 신시아에게 과학 프로젝트로 만들었던 포스터를 자랑스레 보여주었다. 신시아는 아이들이 설계한 단순 로봇 '키핏'의 사진을 보고 미소를 지었다. 키핏은 기쁘고, 화나고, 무표정한 세 가지 얼굴 표정을 지을 수 있었다. 아이들의 포스터에 적힌 설명에 따르면, 키핏의 입과 눈썹의 움직임은 전자석으로 제어되며, 전자석은 쇠못에 감은 전선에 전기를 흐르게 해서 만들었다. 전자석을 D 배터리 네 개로 구성한 전력원에 접촉해 키핏의 입 모양과 눈썹의 위치를 바꿀 수 있도록 만들었던 것이다.

신시아는 아이들이 만든 인상적인 작품을 보며, 전자석을 어떻게 만들었는지 물어보았다. 과학 시간에 전선을 많이 감을수록 자석의 힘이 커진다고 배웠단다. 아이들은 케이티의 아버지가 전기드릴의 끝에 나사못을 넣을 수 있도록 도와주었고, 자기들이 직접 구리선을 못에 연결하고 드릴을 작동시켜서 감았다고 설명했다. 드릴이 돌아가면서 구리 선이 나사못에 수백 번 감기도록 고안했던 것이다.

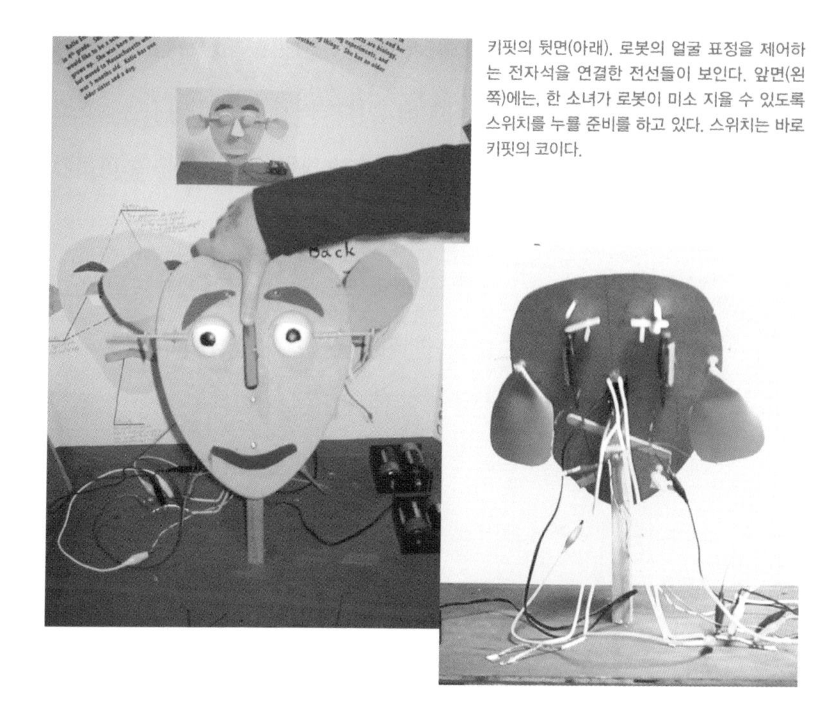

키핏의 뒷면(아래). 로봇의 얼굴 표정을 제어하는 전자석을 연결한 전선들이 보인다. 앞면(왼쪽)에는, 한 소녀가 로봇이 미소 지을 수 있도록 스위치를 누를 준비를 하고 있다. 스위치는 바로 키핏의 코이다.

케이티와 클레어는 신시아에게 물어볼 게 무척 많았다. 무엇보다도 자기들처럼 어렸을 때도 로봇을 만들고 싶어 했는지 궁금해했다. 신시아는 웃으며, 열 살 때는 축구에 빠져 지냈다고 대답했다. 아이들은 신시아가 대학원에 가서야 로봇을 처음 만들었다는 사실에 놀랐으며, 〈스타워즈〉에 나오는 C-3PO와 R2-D2로부터 영감을 받아 키스멧을 만들었다는 이야기를 귀담아들었다. 신시아는 많은 과학자들이 실제로 이런 공상과학영화에서 영감을 받는다고 설명해주었다.

신시아는 집으로 돌아오면서, 케이티와 클레어가 나중에 커서 과연 어떤 길을 택하게 될까 상상해보았다. 로봇 연구자가 되어 있을까? 그러고 보니 자신이 열 살 때 과학을 좋아하기는 했지만 이렇게 '크리처 창조자'가 되리라고는 상상도 못했다. 아마 아이들이 대학을 다닐 즈음에는 로봇공학이 지금과는 사뭇 다를 것이다. 그리고 그때쯤이면 키스멧이 '구닥다리'가 될 거라고 생각하니 다소 의기소침해진 기분이 들기도 했다.

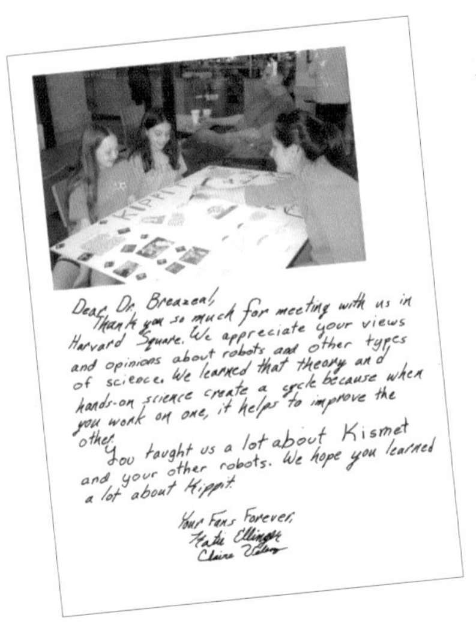

Dear Dr. Breazeal,
Thank you so much for meeting with us in Harvard Square. We appreciate your views and opinions about robots and other types of science. We learned that theory and hands-on science create a cycle because when you work on one, it helps to improve the other.
You taught us a lot about Kismet and your other robots. We hope you learned a lot about Kippit.

Your Fans Forever,

신시아를 만난 이후, 케이티와 클레어가 감사의 편지를 보내왔다. 신시아의 통찰력과 조언으로 아이들은 로봇 과학뿐 아니라 과학자의 삶을 이해하는 데 큰 도움이 되었다고 한다.

미래의 로봇들

신시아는 미래의 모습을 그려본다. 각 가정마다 적어도 로봇 한 대와 함께 살아가는 날이 언제쯤 올까? 그런 로봇들은 어떤 모습일까? 그리고 사람과 로봇이 함께할 수 있는 일에는 어떤 것들이 있을까? 어떤 신기술의 발달이 로봇공학에 혁신을 불러올까? 로봇들의 권익을 보호하기 위한 법령도 만들어질까?

하지만 신시아는 뒷전에 앉아 상상만 할 사람이 아니다. 그녀는 "미래를 가장 잘 예측하는 방법은 미래를 스스로 만드는 것이다."라고 이야기한 미래학자 앨런 케이Alan Kay의 조언을 따르고 있다. MIT 미디어연구소에서 신시아는 팀원들과 함께 미래 로봇의 원형prototype 발명에 여념이 없다. MIT가 기술 발전에 끼치는 영향을 고려해볼 때, 그녀의 작업 결과가 로봇이 우리의 삶과 결부되는 데 영향을 미칠 가능성이 많다고 믿고 있다. 애완동물이 우리 생활에 도움을 주듯, 로봇 역시 미래에는 건강과 풍요로운 삶을 영위하는 데 도움이 될 거라고 생각한다. 체코어에서 유래된 '로봇'이라는 단어가 '노예 노동'이라는 뜻을 가졌다고 해서 로봇 공학이 반드시 공리주의 혹은 순수 실용적인 방향으로만 가야 하는 것은 아니라고 생각한다.

로봇과의 동행

로봇과 인간이 서로 친구로 지낸다는 아이디어는 신시아 혼자만의 생각이 아니다. 유엔에서 실시한 2003년 설문 결과에 따르면, 로봇의 3분의 1 이상이 오락용으로 만들어질 것이라고 했다. 예를 들어 이미 소니는 AIBO라는 로봇 강아지를 개발했다. 이 강아지가 여러 가지 재주를 부리고, 주인과 주고받은 상호작용을 바탕으로 고유한 성격을 개발하려면 소프트웨어가 따라와야 한다. 아쉽게도 AIBO의 가격은 약 2000달러나 된다(2006년 기준).

연구비를 조달하기 위해, 전 세계 로봇 연구자들은 일상생활에서 로봇의 어떤 면이 유용할지 고민하고 있다. 로봇이 실용적으로 쓰일 만한 영역으로는 건강관리 분야를 손꼽는다. 노년층 인구가 노인을 돌보는 사람보다 더 많아지고 있는 일본의 경우를 생각해보면 사교적인 로봇이 도움이 되지 않을까? 사회성을 지닌 지능 로봇이 요리와 청소를 하고, 반려자의 역할까지 맡을 수도 있다. 로봇이 개개인의 취향을 익힐 수 있기 때문이다. 이는 사람들의 삶을 좀 더 풍요롭게 해줄 것이다.

사실상 대부분의 사람들이 기계가 인간의 삶을 지배하게 될까봐 우려하는데, 신시아는 로봇과 협력 관계를 유지하자고 제안한다. 로봇이 도구라는 생각을 버리고, 정원을 함께 가꾸고 음식도 함께 준비하는 동반자로 생각한다면 협력 관계는 충분히 가능하다.

기억을 보존하는 새로운 방법

신시아 브리질은 로봇공학 기술을 적용할 혁신적인 방법을 끊임없이 모색한다. 어떨 때는 예상치도 않은 곳에서 아이디어를 발견하기도 한다. 미디어연구소를 후원하는 회사 중에 축하카드를 만드는 대기업이 있다. 그들은 어째서 로봇에 관심이 있을까?

영화 〈아이, 로봇I, Robot〉에 나온 NS-5 같은 로봇이 조만간 존재하지는 않겠지만, NS-5로봇은 인간의 상상력을 키워주는 공상 과학의 산물이다. 이 영화는 로봇 관련 소설을 많이 남긴 작가 아이작 아시모프Isaac Asimov의 이야기를 바탕으로 했다. 아시모프는 로봇이 인간의 복지를 보살펴주는 세상을 상상했다.

그 회사는 시공간적으로 떨어져 있는 사람들을 연결해주는 데 관심이 있고, 기억을 보존하는 데 도움이 될 만한 새로운 방법들을 계속 찾고 있다.

신시아는 사교적인 로봇이 이런 임무에 궁극적으로 도움을 줄 것이라 믿고 있다. 그녀는 이런 질문을 던져본다. "로봇이 어떤 사람의 어린 시절부터 어른까지 평생에 걸쳐 함께한다면?" 평생 상호작용을 해왔다면 로봇은 그 사람의 성격과 온갖 경험을 잘 알고 있을 것이다. 그 사람이 세상을 떠날 때, 로봇은 그 사람의 후손들에게 대대로 전달될 것이다. 이론상으로 그 사람의 5대손까지 그 사람이 무엇을 하며 놀았고, 무엇을 무서워했는지 등등을 물어볼 수 있을 것이다.

미래를 위한 모델

신시아 브리질은 미래의 과학자들이 로봇공학 분야에 어떤 멋진 것들을 가져다줄지 상상만 해도 즐겁다. 그녀는 자신이 그런 길을 선도하는 사람이라는 것이 매우 뿌듯하다. 어렸을 때부터 그녀의 호기심과 인내심은 다른 사람들이 불가능하다고 생각했던 것들을 깨고 나갈 수 있게 했다. 자기가 배우는 모든 것들이 참신한 아이디어를 만들어낼 가능성이 있다는 믿음으로, 신시아는 언제나 새로운 경험을 받아들였다.

도전과 변화는 두렵지 않다. 아니, 오히려 작전 개시를 요구하는 계기가 된다. 코그, 키스멧, 레오나르도는 그냥 기계로 만든 로봇이 아니다. 그것들은 신시아 브리질처럼 성공한 과학의 선구자들이 실제로 존재한다는 증거물이다.

감사의 말

신시아 브리질과 처음 연락이 닿았을 때 깜짝 놀랐다. 곧 첫 아이 출산일이라는 게 아닌가. 이 책을 쓰는 데 과연 얼마나 도움이 되겠나 싶었다. 내 우려와 달리, 그녀는 인터뷰하는 데 시간을 많이 냈고, 관련 자료를 추천하고, 원고 검토도 했다. 신시아의 지인들도 많이 도와줬다. 노먼, 줄리엣, 윌리엄 브리질, 벤 그린과 보비 블루모프가 재미있는 이야깃거리와 사진을 제공했다. 신시아의 대학원 시절을 알려준 로드니 브룩스, 로잘린드 피카드, 셰리 터클, 콜린 앵글, 맷 윌리엄슨 그리고 앤 포스트에게 감사의 뜻을 표한다. 댄 스틸은 내게 근사한 로보틱 라이프 실험실 투어를 시켜줬다. 데버러 더글라스와 리진 아리아난다는 키스멧이 은퇴해 MIT 박물관으로 갔다고 알려줬다. 또 브래드 볼, 케이티 엘링저, 로저 프리드만, 캐슬린 케네디, 리처드 랜던, 린지 맥고웬, 세니아 매이민, 랜디 파슈, 스콧 센프텐, 존 언더코플러, 클레어 벨레즈, 스탠 윈스턴에게 또한 감사를 전한다. 조셉 헨리 출판사에 나를 소개시켜준 조너선 로젠블룸에게 감사하고, 원고를 명료하게 해준 케이트 나이퀴스트 제롬의 특출한 편집 실력에도 감사한다. 무엇보다, 어렸을 때부터 글쓰기를 사랑하도록 키워주신 부모 아일린과 스티븐 브라운께 감사드리며, 사랑, 너그러움, 지적 호기심으로 격려를 아끼지 않았던 아내 엘렌 레이펜버거에게 고마운 마음을 전한다.

걸어온 길

1967 11월 15일, 뉴멕시코 주 앨버커키에서 출생.

1970 신시아 부친의 전근으로 앨버커키에서 캘리포니아 주 리버모어로 이사.

1977 신시아는 가족과 함께 관람한 영화 〈스타워즈〉의 로봇 주인공 R2-D2와 C-3PO에 매료됨.

1985 리버모어에 있는 그래나다 고등학교에서 거의 최고 성적으로 졸업. 프로 테니스 선수의 길을 잠시 고려했으나, 대학에 진학하기로 결정함. 샌타바버라에 있는 캘리포니아 주립대학교(UCSB) 공과 계열에 입학.

1988 여름방학 동안 캘리포니아 주 엘세군도에 위치한 제록스 사에서 인턴으로 근무. 그곳에서 마이크로칩 검사 업무를 수행하며 공학 기술 재능을 보임.

1989 UCSB에서 우등생으로 전기 및 컴퓨터공학 학사 학위를 받고, 로봇공학 분야로 대학원 진학을 결심.

1990 MIT 대학원에 진학하게 되어 매사추세츠 주 케임브리지로 이사. MIT의 인공지능연구소를 이끄는 로드니 브룩스의 교수 지도 아래 로봇공학을 배우며, 22세에 첫 번째 로봇을 만듦.

1993 곤충처럼 생긴 로봇 한니발과 아틸라를 연구한 성과로 MIT에서 전자공학 및 컴퓨터과학 석사 학위 취득. 브룩스 교수 제자들이 인간 같은 능력을 지닌 로봇 코그를 만들기 시작했고, 신시아는 그 프로젝트의 설계와 프로그래밍 총 책임을 맡음.

1997 감정 지능을 갖춘 로봇 키스멧을 만들기 시작함.

2000 신시아는 키스멧을 주제로 한 논문이 심사를 통과해 MIT 박

사 학위를 취득함. 그녀의 연구 결과가 매스컴의 관심을 끌어 〈타임〉에 기사가 게재됨.

2001 영화 〈A.I.〉 마케팅의 일환으로 워너브라더스는 신시아를 컨설턴트로 위촉해 로봇공학의 대중화에 기여함. MIT에서는 신시아를 미디어연구소 조교수로 임용했고, 신시아는 로보틱 라이프 그룹을 이끌기 시작함. 신시아와 그녀의 제자들은 할리우드의 특수 효과 전문 회사인 스탠 윈스턴 스튜디오와 공동 연구를 시작하고, 사교적인 지능을 갖춘 로봇 레오나르도를 만듦.

2002 신시아의 첫 번째 저서 『사교적인 로봇 만들기*Designing Sociable Robots*』 출간.

2003 MIT 대학원 과정 때 만난 컴퓨터 과학자 보비 블루모프와 결혼. 키스멧은 공식적으로 은퇴하고 MIT 전시관에 소장됨.

2004 3월 12일, 케임브리지에서 아들 라이언 풀턴 블루모프 출생.

2005 신시아는 MIT 미디어연구소에서 로보틱 라이프 그룹의 책임자로 연구함.

용어 설명

이 책은 로봇이라 불리는, 살아 있는 듯한 미래의 기계를 만드는 과학자의 이야기다. 책에 나오는 몇몇 용어들은 로봇이 어떻게 설계되고, 또 어떤 프로그램을 짜는지 설명하기 위한 신조어다. 이런 용어들을 부분으로 나누어 살펴보면 좀 더 이해하기 쉽다. 예를 들어, 애니매트로닉스animatronics는 두 부분으로 나눌 수 있다. 앞부분의 'animate'는 '움직이게 한다', '살아 있는 것처럼 만들다'라는 뜻이며, 뒷부분의 'electronics', 즉 '전자공학'은 전자의 생성, 효과, 움직임, 그중에서도 특히 트랜지스터, 컴퓨터, 기타 장치 등을 다루는 물리학의 분과 학문이다. 따라서 애니매트로닉한 물체는 물체 스스로 움직이는 게 아니라 전자 장치를 통해 움직이는 물체를 일컫는다.
로봇 관련 서적을 읽을 때 도움이 될 만한 몇 가지 접두어/접미어를 소개하면 다음과 같다. 'auto'는 'self(자기 자신)'를 의미하고, 'micro'는 'small(작다)'을, 'proto'는 'first(첫 번째)'를 의미한다. 좀 더 자세한 정보는 용어 사전을 찾아보길 바란다.

공학engineering : 엔진, 기계, 에너지원, 도로, 다리 등을 설계하고 만들고 관리하는 것에 관한 과학이나 직업. 로봇을 만들기 위해 신시아는 기계공학과 전자공학이라는 공학의 두 가지 지식을 사용한다.
로봇robot : 컴퓨터에 의해 조종되고, 보통 인간이 수행하는 일련의 일을 할 수 있는 움직이는 부분과 감지 장치가 달린 기계. '로봇'이라는 단어는 체코의 극작가 카렐 차페크Karel Capek가 만들었고, 그가 1921년에 쓴 희곡 '로섬의 인간Rossum's Universal Robots'에 처음 등장했다. 체코 단어인 '로보타'는 '강요된 노동'을 의미한다.

로봇공학robotics : 로봇의 연구, 설계, 생산, 사용을 다루는 학문. 로봇공학자는 로봇을 디자인하고 프로그래밍하고 실험하는 과학자를 말한다.

마이크로칩microchip : 정보를 처리하고, 계산을 하며, 정보의 흐름을 관리하는 기계. 수천 개의 통합 회로가 포함되어 있음.

마이크로프로세서microprocessor : 컴퓨터의 중앙 처리 단위; 컴퓨터의 컨트롤 센터, 기억 장치, 계산기.

서보 모터servo motor : 전류가 기계적 움직임으로 변환되는 일종의 작동기.

센서sensors : 로봇 주변의 정보, 예를 들어 온도, 소리, 시각정보와 같은 내용을 수집하는 장치.

알고리즘algorithms : 보통 컴퓨터가 수행하는, 문제를 풀기 위한 일련의 규칙이나 단계적 절차.

애니매트로닉animatronic : 무선 리모컨으로 작동하는 특성을 의미함.

원형prototype: 무언가의 첫 번째 형태 또는 모형.

인공지능artificial intelligence, AI : 보통 사람이나 동물의 지능을 요구하는 과제를 수행하거나 행동을 기계가 할 수 있도록 프로그램을 만드는 컴퓨터 과학의 한 분야.

자유도degrees of freedom : 로봇이 할 수 있는 자율적인 움직임의 개수. 로봇이 더 큰 자유도를 가질수록 더 살아 있는 것처럼 보인다.

자율적인 로봇autonomous robot : 독립적으로 기능하고 스스로 결정을 내릴 수 있게 프로그램이 짜여진 기계. 진정한 자율적인 로봇이 되려면, 환경에 반응할 줄 알아야 하고 프로그래밍에 기반해 스스로 결정을 내릴 수 있어야 한다.

작동기actuators : 사람의 근육처럼 작동하여 로봇에 움직임의 범위를 부여하는 모터.

전자석electromagnet : 전선으로 감긴 쇠 같은 자석 물질의 중심. 전류가 전선을 따라 흐르고 그 중심 부분을 자화시킨다.

캘리퍼스calipers : 물체의 직경이나 두께를 재는 데 쓰이는 도구.

단위 변환

아는 단위	곱하기 숫자	변환할 단위
인치	2.54	센티미터
피트	0.30	미터
마일	1.61	킬로미터
센티미터	0.39	인치
미터	3.28	피트
킬로미터	0.62	마일

더 읽을거리

여성 과학자에 관한 웹사이트인 www.iWASwondering.org를 방문하면 기후 과학자, 천문학자, 야생 생물학자, 로봇 공학자 등 다양한 분야에 몸 담고 있는 여성 과학자들의 이야기를 접할 수 있다. 게임을 하고, 만화를 즐기고, 과학자가 되는 연습을 해보길 바란다. 재미있게 노는 동안 이 세상을 바꾼 놀라운 여성 과학자를 만나게 될 것이다.

도서

Aylett, Ruth. *Robots: Bringing Intelligent Machines to Life.* Hauppage, New York: Barrons Educational Series, 2002. 로봇 과학을 전반적으로 다룬 이 책은 50년 전에 인공지능 선구자들이 꾸었던 꿈들을 검토하는 한편, 우리의 생애에 실현되거나 실현될지도 모르는 것들을 탐험한다. 이 책은 또한 생물학, 공학, 심리학 사이의 긴밀한 관계에 대해서도 흥미로운 토론거리를 제시한다.

McComb, Gordon. *Robot Builder's Bonanza.* New York; McGraw-Hill, 2001. 만약 당신이 로봇을 설계하는 데 영감을 얻으려면, 이 책은 매우 도움이 될 것이다. 이 책은 전자, 기계, 그리고 홈메이드 로봇 프로그래밍에 대한 많은 실제적인 정보를 가득 담고 있는 책이다. 열한 가지 다른 로봇을 만드는 설계도를 포함하고 있다.

Perry, Robert L. *Artificial Intelligence.* New York: Franklin Watts, 2000. 이 두툼한 도감은 인공지능의 세계로 이끌어주는 훌륭한 입문서다. 이 책은 인공지능의 여러 가지 유형을 검토하고, 그것이 우리의 오늘날 삶에 어떤 영향을 미칠지 설명하며, 미래의 인공지능이 어떻게 될 것인지 전망한다.

Williams, Karl P. *Insectronics: Build Your Own Walking Robot*. New York: McGraw-Hill, 2003. 이 책은 저렴한 '여섯 다리 로봇'을 구조화하고 프로그래밍하기 위한 단계별 지침을 담은 프로젝트 책이다. 완성된 작품은 로봇 아틸라와 한니발의 먼 사촌이 될 것이다. 이 두 로봇은 1990년대 초반 신시아가 만들었다.

웹 사이트

Engineer Girl : http://www.engineergirl.org

미국 국립공학한림원은 여러분이 공학자가 되는 것을 생각해보라고 권유하고 있다. 대우를 잘 받고 있는 공학 전문가들에 대해 자세히 알아보자. 또한 문제를 해결하거나 세상을 더 나은 곳으로 만들기 위해 상상력과 창의력을 활용한 여성 공학자들 이야기도 읽어보자.

First LEGO® League: http://www.usfirst.org/jrobtcs/flego.htm

젊은 로봇공학자들은 LEGO가 후원하는 이 대회에 참여할 수 있다. 여러분은 기초 공학과 컴퓨터 프로그래밍 원리를 배우는 한편, 센서, 모터, 기어, 프로그램 블록을 사용하는 데 재미를 느낄 수 있을 것이다.

Learn About Robots: http://www.learnaboutrobots.com

이 사이트는 로봇공학 분야의 소식들을 가장 빠르게 얻을 수 있는 곳이다.

Low Life Labs: http://www.robotsandus.org/lobby

미네소타의 하층생활연구소의 과학박물관은 로봇 갤러리를 탐색하거나, 움직임, 감각, 생각, 존재 영역에서 상호작용하는 게임을 할 수 있는 곳이다.

NASA Robotics: http://robotics.nasa.gov
http://robotics.jpl.nasa.gov/homepage.html

미국 항공우주국NASA의 최고 로봇 공학자들은 우주선과 화성 및 그 너머로 가는 탐사 로봇을 개발했다.

The Tech Museum of Innovation: http://www.thetech.org/robotics

로봇의 역사를 배울 수 있는 온라인 박물관. 당신의 컴퓨터로 지구나 달을 탐사하는 가상 로봇을 제어해보자. 21세기, 윤리와 로봇에 관한 뜨거운 논쟁도 들어보자.

참고 문헌

이 책을 쓰기 위해 신시아 브리질과 그녀의 가족, 친구 및 동료들과 인터뷰했을 뿐 아니라 여러 책을 읽으며 조사했다. 브리질이 조언해준 자료의 일부를 제시한다.

Breazeal, Cynthia L. *Designing sociable Robots.* Cambridge, Massachusetts: MIT Press, 2002.

Brooks, Rodney A. *Flesh and Machines: How Robots Will Change Us.* New York: Pantheon Books, 2002.

Druin, Allison and James Hendler, eds. *Robots for Kids: Exploring New Technologies for Learning.* San Francisco: Morgan Kaufmann, 2000.

Menzel, Peter and Faith D'Aluisio. *Robo Sapiens: Evolution of a New Species.* Cambridge, Massachusetts: MIT Press, 2000.

Perkowitz, Sidney. *Digital People: From Bionic Humans to Androids.* Washington, D.C.: Joseph Henry Press, 2004.

시리즈 자문위원회

이 시리즈를 기획하고 발전시키는 데 수많은 훌륭한 분들이 시간을 내주고 조언해주었다. 시간과 재능을 나누어준 다음 분들에게 감사드린다.

〈전문가 자문단〉

맥신 싱어 Maxine Singer(자문단 위원장) 생화학자. 워싱턴카네기협회 전 회장.

새러 리 슈프 Sara Lee Schupf 새러리Sara Lee Corporation 기업의 수장으로 과학계 여성의 헌신적인 지지자.

브루스 앨버츠 Bruce Alberts 분자세포생명과학자. 미국 국립과학원 회장, 미국 연구위원회 회장(1993~2005).

메이 베렌바움 May Berenbaum 곤충학자. 일리노이 대학교(어배나, 샘페인) 곤충학과 학과장.

리타 R. 콜웰 Rita R. Colwell 미생물학자. 메릴랜드 대학교 및 존스홉킨스 대학교 석좌교수. 미국 국립과학재단 전 이사장.

크리슈나 포스터 Krishna Foster 캘리포니아 주립대학교(로스앤젤레스) 화학·생화학학과 조교수.

앨런 J. 프리드먼 Alan J. Friedman 물리학자. 뉴욕과학관 관장.

토비 혼 Toby Horn 생명과학자. 워싱턴 카네기협회의 과학교육 카네기 아카데미 공동 소장.

셜리 잭슨 Shirley Jackson 물리학자. 렌셀러 폴리테크닉 연구소 소장.

제인 버틀러 케일 Jane Butler Kahle 생명과학자. 마이애미 대학교(옥스퍼드, 오하이오) 과학교육학과 교수.

바브 랭그리지 Barb Langridge 하워드 카운티 도서관 어린이 전문가. WBAL-TV 어린이 도서 평론가.
제인 루브첸코 Jane Lubchenco 오리건 주립대학교 해양생물학과 동물학 교수. 국제과학협의회 회장.
프레마 마타이-데이비스 Prema Mathai-Davis 미국 YMCA 전 회장.
마르시아 맥너트 Marcia McNutt 지구물리학자. 몬터레이만 아쿠아리움 연구소 소장.
팻 스캘스 Pat Scales 사우스 캐롤라이나 예술인문 거버너스 스쿨 도서관 서비스 회장.
수전 솔로몬 Susan Solomon 대기화학자. 미국 국립해양대기청 초고층 대기 물리학 연구소의 원로 과학자.
셜리 틸먼 Shirley Tilghman 분자생명과학자. 프린스턴 대학교 총장
게리 휠러 Gerry Wheeler 물리학자. 국립과학교사협회 전무이사.

〈도서관 자문단〉

미국 전역의 많은 학교와 공공 도서관이 샘플 디자인과 본문을 친절하게 검토해주었고, 책의 포맷에 관한 질문에 답해주었으며, 책을 발간하는 동안 계속해서 전문적인 자문을 해주었다.

배리 M. 비숍 Barry M. Bishop 도서관 정보 서비스 팀장, 스프링 브랜치 교육청(휴스턴, 텍사스)
대니타 에스트먼 Danita Eastman 어린이 책 평가사, 로스앤젤레스 카운티 공공 도서관(다우니, 캘리포니아)
마사 에드먼드선 Martha Dedmundson 도서관 서비스 코디네이터, 덴튼 공공 도서관(덴튼, 텍사스)
달시 페어 Darcy Fair 어린이 서비스 매니저, 벅스 카운티 도서관(야들리, 펜실베이니아)

캐슬린 핸리 Kathleen Hanley 스쿨 미디어 전문가, 코맥 로드 초등학교, (아이슬립, 뉴욕)
에이미 라우티트 존슨 Amy Louttit Johnson 도서관 프로그램 전문가, 플로리다 주립 도서관 및 기록 보관소(탤러해시, 플로리다)
매리 스탠턴 Mary Stanton 청소년 전문가, 자료 선정 사무국, 휴스턴 공공 도서관(휴스턴, 텍사스)
브랜다 G. 툴 Brenda G. Toole 교육 미디어 서비스 감독관(파나마시티, 플로리다)

〈학생 자문단〉
이 시리즈를 비평하고 평가함으로써 도움을 준 다음 학교와 기관의 학생들에게 감사드린다. 디자인과 이야기 진행에 관한 피드백(개선을 위한 정보나 의견)이 본 프로젝트를 진행하는 데 지대한 영향을 미쳤다.

아그네스 어윈 스쿨(로즈먼트, 펜실베이니아)
라콜리나 중학교(샌타바버라, 캘리포니아)
하커데이 스쿨(댈러스, 텍사스)
중부 메릴랜드 걸스카우트, 주니어 걸스카우트 지구대 #545
중부 메릴랜드 걸스카우트, 주니어 걸스카우트 지구대 #212

도판의 출처

표지, 3, 17(왼쪽), 75, 77, 82, 140, 144, 148, 149(왼쪽), 152 Sam Ogden/Photo Researchers, Inc.
90, 95, 99, 108 ⓒ 2005 Peter Menzel/menzelphoto.com

9 Photo by Deborah Douglas, courtesy MIT Museum; 14 Courtesy Cynthia Breazeal; 15 Photo by Beryl Rosenthal, courtesy MIT Museum; 17(아래) COURTESY OF LUCASFILM LTD. Star Wars : Episode Ⅳ – A New Hope. ⓒ 1977 Lucasfilm Ltd. & TM. All rights reserved. Used under authorization. Unauthorized duplication is a violation of applicable law; 18, 22, 23, 25 Courtesy Norman and Juliette Breazeal; 28(왼쪽) Dinosaur National Monument, National Park Service; (아래) ⓒ Exploratorium, www.exploratorium.edu; 30 Library of Congress, ⓒ Disney Enterprises, Inc.; 32, 36, 38, 40, 42, 44, 46 Courtesy Norman and Juliette Breazeal; 48 Mark Defeo; 52 Courtesy Norman and Juliette Breazeal; 53(왼쪽) Brouws/Campbell; (아래) Courtesy Norman and Juliette Breazeal; 56(위) Courtesy Xerox Corporation; (삽입) ⓒ 1999 Photodisc; 59(위) Courtesy Norman and Juliette Breazeal; (아래) COURTESY OF LUCASFILM LTD. Star Wars : Episode Ⅳ – A New Hope ⓒ 1977 Lucasfilm Ltd. & TM. All rights reserved. Used under authorization. Unauthorized duplication is a violation of applicable law; 60 MIT AI Lab, courtesy Mobile Robotics Group; 64 ⓒ psihoyos.com; 67 Courtesy Rod Brooks; 68 ⓒ psihoyos.com; 70 Francesca Moghari; 71 MIT Media Lab, courtesy Mobile Robotics Group; 80 Courtesy Silsoe Research Institute, UK; 79 Courtesy Norman and Juliette Breazeal; 86 Courtesy Rod Brooks; 93 David Hanson; 102(위) Courtesy Cynthia Breazeal; (아래) Courtesy Norman and Juliette Breazeal; 104 Evan Agostini/Getty Images; 111, 113 A.I. ARTIFICIAL INTELLIGENCE: ⓒ Warner Bros., a division of Time Warner Entertainment Company, L.P. and Dream Works LLC. All rights reserved; 117 Courtesy Norman and Juliette Breazeal; 118 Senia Maymin; 124, 127 Courtesy Cynthia Breazeal; 130 MIT Media Lab, courtesy Robotic Life Group; 131 Steve Rosenthal; 134, 136 MIT Media Lab, courtesy Robotic Life Group; 137, 138 Scott Senften; 139(아래) Courtesy Cynthia Breazeal; 149(아래) ⓒ Planet Art; 158, 162 Vernon Ellinger; 167 I, ROBOT ⓒ 2004 Twentieth Century Fox. All rights reserved.

거침없이 도전한 여성 과학자 01
로봇의 세계 : 로봇 설계자 신시아 브리질

1판 1쇄 2016년 11월 11일
1판 3쇄 2019년 10월 16일

지은이 조던 D. 브라운
기획 한국여성과총 교육홍보출판위원회
옮긴이 한국여성과총 교육홍보출판위원회
강인숙 권오남 김인선 남영미 박진아 변인경 여의주 이숙경 조성경
펴낸이 김정순
편집 허영수 이근정
디자인 김진영 이혜령
마케팅 김보미 임정진
펴낸곳 (주)북하우스 퍼블리셔스
출판등록 1997년 9월 23일 제406-2003-055호
주소 04043 서울시 마포구 양화로 12길 16-9 (서교동) 북앤빌딩
전자우편 henamu@hotmail.com
홈페이지 www.bookhouse.co.kr
전화번호 02-3144-3123
팩스 02-3144-3121

ISBN 978-89-5605-778-1 04400
978-89-5605-777-4 (세트)

* 본 출간 사업은 과학기술진흥기금 및 복권기금의 지원을 받아 진행되었습니다.

이 도서의 국립중앙도서관 출판도서목록(CIP)은 서지정보유통지원시스템 홈페이지(http://seoji.nl.go.kr)와 국가자료공동목록시스템(http://www.nl.go.kr/kolisnet)에서 이용하실 수 있습니다.(CIP제어번호: CIP20160